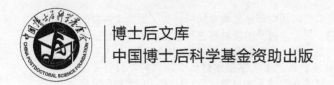

博士后文库
中国博士后科学基金资助出版

木材染色工艺学

管雪梅 著

科学出版社

北 京

内 容 简 介

木材颜色是决定消费者选购印象的重要指标,为了提高木制品的装饰作用和产品价值,要对木材及木质材料进行着色,通过染色技术改良劣质材,仿制名贵木材,从而提高木材的使用价值和满足人们对色彩多样性的需求。木材染色工艺学是木材科学新兴的学科分支之一,作为交叉学科,它的理论涉及木材学、染料化学、光学和色度学等多个学科领域。随着科学技术的发展,尤其是计算机设计和控制技术的发展,将其应用到木材工业中有必然趋势,所以研究利用计算机进行木材染色中的配色和控制管理将有广泛的应用前景。

本书内容共分 9 章,介绍了木质仿珍染色的研究进展和市场前景、木材染色工艺研究的目的和意义及木材染色工艺研究现状和发展趋势;阐述了木材染色基础原理和方法;重点论述了木材单板染色漂白工艺、木材染色工艺,以及木材染色的影响因素分析等;还研究了木材仿珍染色计算机配色技术及计算机智能配色技术和木材染色效果评价。本书系统性强,理论与实践相结合,方法与应用相结合。

本书适合木材学、木材加工、染料化学、森林经营学等专业的高等学校师生使用,也可供科学研究、森林经营和管理人员阅读。

图书在版编目(CIP)数据

木材染色工艺学/管雪梅著. —北京:科学出版社,2021.10
(博士后文库)
ISBN 978-7-03-069767-7

Ⅰ. ①木… Ⅱ. ①管… Ⅲ. ①木材–染色技术 Ⅳ. ①S781

中国版本图书馆 CIP 数据核字(2021)第 186543 号

责任编辑:李明楠 高 微 / 责任校对:杜子昂
责任印制:吴兆东 / 封面设计:陈 敬

科学出版社 出版
北京东黄城根北街 16 号
邮政编码:100717
http://www.sciencep.com

北京中石油彩色印刷有限责任公司 印刷
科学出版社发行 各地新华书店经销

*

2021 年 10 月第 一 版 开本:720×1000 B5
2022 年 10 月第二次印刷 印张:11 3/4
字数:234 000

定价:**108.00 元**
(如有印装质量问题,我社负责调换)

《博士后文库》序言

1985 年，在李政道先生的倡议和邓小平同志的亲自关怀下，我国建立了博士后制度，同时设立了博士后科学基金。30 多年来，在党和国家的高度重视下，在社会各方面的关心和支持下，博士后制度为我国培养了一大批青年高层次创新人才。在这一过程中，博士后科学基金发挥了不可替代的独特作用。

博士后科学基金是中国特色博士后制度的重要组成部分，专门用于资助博士后研究人员开展创新探索。博士后科学基金的资助，对正处于独立科研生涯起步阶段的博士后研究人员来说，适逢其时，有利于培养他们独立的科研人格、在选题方面的竞争意识以及负责的精神，是他们独立从事科研工作的"第一桶金"。尽管博士后科学基金资助金额不大，但对博士后青年创新人才的培养和激励作用不可估量。四两拨千斤，博士后科学基金有效地推动了博士后研究人员迅速成长为高水平的研究人才，"小基金发挥了大作用"。

在博士后科学基金的资助下，博士后研究人员的优秀学术成果不断涌现。2013 年，为提高博士后科学基金的资助效益，中国博士后科学基金会联合科学出版社开展了博士后优秀学术专著出版资助工作，通过专家评审遴选出优秀的博士后学术著作，收入《博士后文库》，由博士后科学基金资助、科学出版社出版。我们希望，借此打造专属于博士后学术创新的旗舰图书品牌，激励博士后研究人员潜心科研，扎实治学，提升博士后优秀学术成果的社会影响力。

2015 年，国务院办公厅印发了《关于改革完善博士后制度的意见》（国办发〔2015〕87 号），将"实施自然科学、人文社会科学优秀博士后论著出版支持计划"作为"十三五"期间博士后工作的重要内容和提升博士后研究人员培养质量的重要手段，这更加凸显了出版资助工作的意义。我相信，我们提供的这个出版资助平台将对博士后研究人员激发创新智慧、凝聚创新力量发挥独特的作用，促使博士后研究人员的创新成果更好地服务于创新驱动发展战略和创新型国家的建设。

祝愿广大博士后研究人员在博士后科学基金的资助下早日成长为栋梁之才，为实现中华民族伟大复兴的中国梦做出更大的贡献。

中国博士后科学基金会理事长

序

自古以来人们就使用天然动植物色素作染料对衣物进行染色。靛蓝、五倍子和胭脂红等是我国古代最早应用的植物和动物染料。现代有机染料工业仅有一百多年的发展历史。19 世纪中叶由于英国等西方工业国家编织工业的发展，需要大量染料，而冶金工业为有机染料的研究和生产提供了条件。1857 年，英国的 W. H. Perkin 用煤焦油中的苯制得了有机合成染料苯胺紫并实现了工业化生产，随后各种染料相继出现。

近 10 年来，随着合成纤维的迅速发展，有机染料得到了极其广泛的应用。有机染料就是能够溶于水或溶剂中，采用适当的方法，使纤维材料或其他物质染成鲜艳而坚牢颜色的有机化合物。除在纺织行业大量使用外，有机染料还广泛应用于橡胶制品、塑料、油脂、油墨、墨水、照相材料、印刷、造纸、涂料、医药等领域。有机染料在木材加工领域的使用才刚刚起步。

20 世纪 60 年代以来，日本在木材染色领域做了大量的研究工作。德国、意大利等也很重视木材染色实用工业技术的开发，形成了自己的专利技术，其产品在我国已有销售。80 年代末我国开始对木材染色技术进行探索。由于染色是增加木材装饰效果、提高木材附加值的重要手段，木材染色正在受到生产研究领域广泛关注和重视。

木材染色是染料与木材发生化学或物理结合，使木材具有一定色泽的加工过程，是提高木材表面质量，改善木材视觉特性和提高木材附加值的重要手段。染料的品种多、结构复杂，与木材结合存在较复杂的变化，研究其内部变化规律，特别是研究有机染料的内部原理，找出最佳染色工艺将对木材应用起到一定作用。

运用现代技术的木材染色学作为一门古老又全新的学科分支，发展和传播其完整独立的理论体系，无论是对学科发展还是实际应用都有十分重要的意义。管雪梅副教授是多年从事生物木材学研究的年轻学者，既涉猎理论研究，又专注理论的应用，尤其在木材染色方面有比较独到的认识，在国内外一些重要期刊上发表了许多有关方面的文章。出于介绍和传播木材染色学最新进展的目的，在系统总结当前木材染色学前沿领域的研究进展的基础上，融入自己的研究成果，撰写了体系较为完整的《木材染色工艺学》一书。该书不仅介绍了木材染色学方面的一些基础知识和理论，而且阐述了木材染色学的一些研究方法，并以落叶松、大青杨等常见树种为例，具体论述了木材染色学理论在实际研究中的应用，做到了理论与实践相结合，方法与应用相结合。相信这对我国木材染色学研究具有指导性作用，将有效地促进我国木材染色学研究和应用的发展。

李 坚

2021 年 6 月

东北林业大学

前　言

　　木材染色学是木材科学新兴的学科分支之一。虽然早在 20 世纪初就有人对木材染色进行了研究，但是长期以来并未受到人们的重视。20 世纪 60 年代，计算机技术的发展为这一领域提供了新的思路，计算机配色技术的广泛应用促进了这一学科的深入发展。

　　木材染色是实现劣质木材仿制珍贵树种木材的有效方法，特别是对速生人工林木材，通过染色、模拟木纹等技术加工，可以消除木材心边材、早晚材和涡旋纹之间的色差，明显提高木材的装饰性和附加值。因此，近十几年来，木质材料的染色技术备受重视，染色工艺研究不断推进。为拓展人工林木材的利用途径、增加其利用价值，在现代科技手段作为坚强后盾的情况下，这一领域的研究开展将会为林业研究的发展和社会的进步做出不可低估的贡献。

　　鉴于近年来木材染色学科和一些相关学科所取得的成就，结合笔者近年来的研究成果，历时 2 年完成《木材染色工艺学》一书，本书比较系统地阐述了木材染色工艺学的染色工艺和计算机配色等，这无论是在国内还是在国外，都属首次。内容共分 9 章，介绍了木质仿珍染色的研究进展和市场前景、木材染色工艺研究的目的和意义及木材染色工艺研究现状和发展趋势；阐述了木材染色基础原理和方法；重点论述了木材单板染色漂白工艺、木材染色工艺，以及壳聚糖预处理单板对酸性染料染色效果的提高和木材染色的影响因素分析；最后介绍了木材仿珍染色计算机配色技术的研究、计算机智能配色技术和木材染色效果评价研究，并总结了木材染色应用的实例。本书系统性强，理论与实践相结合、方法与应用相结合，深入浅出，给从事此研究的同仁以借鉴。

　　在撰写本书的过程中，笔者援引和参考了许多木材学、染料化学、光学和色度学以及其他学科方面的成果，在此，向相关作者表示感谢。

　　本书承蒙东北林业大学李坚教授审阅，提出了许多宝贵意见，并为本书作序，在此特致以衷心谢意。

　　本书得到了中国博士后科学基金和国家自然科学基金资助出版，特此致谢。

　　由于撰写时间有限及笔者水平限制，本书难免存在不足和疏漏之处，敬请广大读者及同仁不吝赐教。

管雪梅

2021 年 8 月

目　　录

第1章 绪 论

如何对资源进行合理利用，这一问题受到了各国学者的广泛关注。作为四大原材料中唯一可以再生的自然资源——木材，是现实生活中被大量运用的基础原料。随着社会的快速发展，木材的供应已经面临着严重失衡的问题，这一问题已经对一些国家的经济和环境造成了一定程度上的冲击。因此我们需要进行这样的一项研究，使得木材的开发与利用更加有效化，这不仅是一项重要的公益事业，还是一项重要的社会基础产业。

木材的颜色能给消费者留下深刻的印象，所以我们要对一些木材或木质材料进行着色，以达到提高木制品的产品价值和装饰作用的目的；我们可以利用染色技术来仿制名贵木材，改良劣质材，从而提高对人工林的利用效率，并使得木材的使用价值达到人们对色彩多样性的需求。

木材染色技术涉及的学科十分广泛，它不仅包含染料化学、木材学中的内容，还涉及色度学、光学、仪器分析学等诸多领域。对其工艺的分析，将对工业生产起到十分重要的借鉴作用，也能为相关研究起到重要的示范作用，为木材的高效利用奠定基础。

1.1 我国的森林资源和开发利用现状

1.1.1 我国的森林资源现状

我国作为一个人口大国的同时也是一个木材大国，对木材的利用有着上千年的历史。作为一种优异的天然材料，木材的强重比较大，被广泛地应用于建筑和装饰行业。其不仅具有保温、保湿的作用，而且拥有美观的花纹与和谐的触感和观感，深受消费者的喜爱。人们的生活已经离不开木材，在我国甚至已经形成了一种"木文化"。但是我国拥有的木材资源量却令人十分担忧，截至 2018 年，我国的森林面积为 2.2 亿 hm²，全国森林覆盖率为 22.96%，森林蓄积量 175.6 亿 m³，尽管在总量上我国的森林面积位居世界第 5 位，森林的蓄积量也达到了第 6 位，但在森林覆盖率上我国远低于全球 31% 的平均水平，人均占有的森林资源量相对较少，仅达到世界人均水平的 1/4，人均的森林蓄积量更是只达到世界人均水平的 1/6[1]。

　　除了我国的人均森林资源水平很低以外，我国的林业还面临着更加严峻的问题。在我国，森林的林龄结构很不合理，森林的质量并不高，可以开采的森林量在持续减少，这大大削弱了我国的实际木材供给能力。在很长的一段时间内，天然林资源是我国木材产业资源的基础。在 1998 年，我国为了对西南、东北及内蒙古等地区的国家重点林区的天然林资源进行保护，开始实施天然林保护工程。这一工程对中国天然林资源的恢复在一定程度上起到了促进作用，但却加剧了国内的木材供需矛盾，木材供需缺口不断增加。2014 年我国木材消费量约 69572 万 m^3，我国生产木材合计 11133.81 万 m^3，仅占木材消费量的 16%[2]。

　　在这种情况下，我国在很长一段时间内只能通过从国外进口来满足国内对原木需求的增长，以此来解决国内森林资源稀缺和市场供需缺口带来的矛盾。目前，中国从全世界进口原木的地区已经达到了 70 多个，原木从 1997 年的进口量 447.1 万 m^3，增加到 2018 年的 5975.1 万 m^3，增长了 12.36 倍。但这种从世界其他国家大量进口木材的行为必然会对我国的经济产生极大的负面影响[3,4]。在国内，一方面由于我国对木材的进口高度依赖，进口市场高度集中，木材进口已经快达到木材生产安全的警戒线。与此同时国内的商品材产量还在持续降低，在这种情况下，一旦由于经济、政治问题，或者自然灾害导致我国无法从他国进口木材，例如 2004 年 12 月，大规模的海啸导致我国无法从印度尼西亚进口木材，我国的木材产业将会面临着停滞的风险。另一方面，我国木材的进口量远远超过了出口量，这不仅导致我国在进口木材上花费了大量的外汇，还使得巨大的贸易逆差出现在木材产品的进出口中。2004 年这种贸易逆差就达到了 98.10 亿美元，对我国的对外经济产生了巨大的影响。此外，在价格低廉的进口木材的冲击下，国内商品林的发展也受到了较为严重的打击，大量的宜林地被闲置或被用作他处，这在一定程度上造成了环境问题，还流失了大量的围绕林地产业的生态效益和社会效益。在生态效益方面，截至 2004 年我国有 1.75 亿 hm^2 的森林面积，生态效益每年可达到 7238.16 亿元，也就是说森林生态效益平均每公顷可以达到 4136.09 元，以此类推，如果我国将闲置的 5400 万 hm^2 的宜林地合理利用起来，每年可多收益 2233.49 亿元，这相当于 2004 年我国国内生产总值的 1.6%；在社会效益方面，根据《中国林业统计年鉴 2007》统计，全国林业用地面积 2.85 亿 hm^2，如果按每个劳动力利用 3.33hm^2 计，可安置 8559 万人[5,6]。国内的木材节约代用技术也会受到大量进口低廉原木的影响，造成其发展滞后。进口木材所带来的一些新型的植物病虫害还会给我国的检验检疫部门增加巨大的防疫压力[7]。

　　在重重不利因素下，我们需要看到我国人工林的优势，我国现拥有人工林面积居于世界首位，达到了 6933 万 hm^2，人工林蓄积量 24.83 亿 m^3。由于人工林的经济效益高，生长周期也相对较短，通过对人工林的培育与合理利用，我们可以有效地解决木材资源的问题。当前世界，为了解决天然林和天然次生林日益减少的问题，各国都将目光投向了发展人工林，甚至在一些发达的工业化国家和发展中国家，他们已经将发展人工林作为基本措施来解决 21 世纪所面临的木材需求问题。但我们在看到人工林速生丰产优势的同时，也不能忽视其本身的一些问题。人工林产出的木材在材质和花纹颜色等方面远逊色于天然林木材，特别是较一些珍贵的硬阔叶材，其物理力学性能更是相差甚远，这也是目前人工林提升不了档次，无法得到有效利用的根本原因之一。面对竞争日益激烈的国际市场，如何将人工林高效、合理地利用起来成为木材工业发展的一个重要趋势。

1.1.2　我国森林资源的开发利用现状

随着"天然林保护工程"的开展，人工林成为我国开发利用的主要森林资源。在生长快速的人工林中，中幼龄材的数量会占其很大的一部分比例，导致我们从中获得的木材的密度会有所降低，其强度也会相应下降，且人工林树种的含水率较平常的树种而言偏高，易出现虫蛀、腐朽等现象，从而导致应力木的出现[8]。这些都降低了我们对人工林的利用率，因此我们急需根据人工林的特性，不断开拓和深化人工林的应用领域。

(1) 传统木材领域：木质材料有一个庞大的家族，其中包括胶合板、纤维板、刨花板、重组木、重组装饰薄木、集成材、单板层积材、细木工板和造纸等。人们对木材的利用也由原木逐渐发展到先利用机械的、物理的或化学的加工方法将木材处理成锯材、刨花、单板、纤维或化学成分再对其进行处理。

(2) 木质基复合材料：木质基复合材料是一个新兴行业，自 20 世纪 90 年代中期开始慢慢发展起来，其大致可以分为两类：第一类是为了解决传统木材制品容易出现开裂、虫蛀、腐朽等问题而产生的高性能木塑复合材料。我们经常将其用于环境安全型家具材和各种室外用结构与非结构型材及板材。由于其还具有尺寸稳定性好的特点，我们也将其用作高尺寸稳定性的复合地板的心材。第二类是利用计算机配色与模仿珍贵木材的仿珍加工关键技术对木材的颜色和花纹进行改进，开发出的拥有良好装饰性能的木基复合装饰材。这种板材被广泛地应用于家具生产和建筑装饰，以达到代替一些天然珍贵树种优质材的目的。近几年来，市场上还出现了塑木材料和高质木铝复合窗，其中塑木材料可很好地运用于电视机、计算机外壳、挡泥板和汽车车门的制造[9]。

(3) 木材改性产品：这些木材改性产品已经进入了实用化阶段。改性后的产品可以具有脱脂、防霉、防腐、增硬、防火阻燃等特点，一些还能仿高档木材。

(4) 木材化学产品：一些科学家发现，把木质纤维加入混凝土制品中，得到的木纤维混凝土具有良好的隔热性，在室温下具有良好的吸湿、吸音、耐火、抗冻、防腐等性能[10]。

1.2　木质仿珍染色的研究进展和市场前景

由于木材在视觉、触觉、听觉和调节等方面具有许多其他材料无法比拟的环境学特性，千百年以来，人们已经习惯了在制作家具和装修居室时选用木材，可以说木材已经融入我们生活的方方面面。而且，人们还可以从木材的天然纹理与颜色中体会到什么是自然美[11]。纵观全世界，木材产品和那些与木材有关产业的发展也是蒸蒸日上，据联合国粮食及农业组织(FAO)统计，在全球总产值中，林业产业所占比例为 7%。2017 年我国的林业产业总产值已超过 7.1 万亿元；林产品的进出口贸易也快速增长，达到了 1500 亿美元；同时，我国装饰材料产业的发展势头良好，装饰材料在 2016 年的销售额就已经超过 4.18 万亿元。因此，发展木质装饰材料产业将大有可为。

木材的种类繁多，其中一些木材不仅拥有优秀的使用性能与物理性能，其花纹和颜色更是令人赏心悦目，如乌木、梨花木、柚木等，因此人们将其广泛地运用于生产中。但这些木材的生长速度非常缓慢，生长条件也相对较为苛刻，而市场对其的需求量却不断增加，因此形成了巨大的供求差异，导致这些木材的价格快速上涨，使它们成为珍贵的木材。尽管如此，人们对它们的需求依旧没有降低，反而因为它们的珍贵，恰恰迎合了人们在追求使用价值的同时对高档次生活的追求，使得人们对珍贵木材的需求不退反进，珍贵木材也成为生活中重要的生产材料。人们对珍贵材料的利用首先是用机械的方式将木材加工成薄板或单板等，然后再将其制成木质装饰材料用于室内装饰或家具生产[12]。近几年来，我国的经济快速发展，人们的生活水平得到了质的提高，追求健康环保的观念开始深入人心，越来越多的人开始拒绝使用一些由化工产品制成的装饰材料，转而去追求那些由木材制成的装饰材料，追求自然生活。这种观念的转变使得对用于装饰的木材的需求量进一步增大，更使得珍贵木材资源变得更加紧张。为了解决国内珍贵木材资源不足、缓解市场对可用于室内装饰和家具制造的珍贵木材的供需矛盾，我们只能从国外进口优质的红木、柚木、梨花木等珍贵木材。但是这样并不能完全满足我国居室装修、人造板二次加工和家具制造的需要，严重地阻碍了我国木质品档次的提升与新产品的研发。所以，通过计算机等科学技术将人工林木材模拟成人们所需要的珍贵木材从而制成木质仿珍装饰材料就成为重要的发展趋势。在这一方面，国外发达国家已经相继进行了相关的研究和开发，研制出如染色薄木、柔性薄木、集成薄木和人造薄木等新型木质仿珍装饰材料。1965 年，意大利和英国率先研制成功并首先在意大利实现工业化生产，意大利的 Alpi

Pietro 公司生产的“Leriex”板就是其中之一。日本也对木质仿珍装饰材料进行了大量的研究开发，并在某种程度上代替了天然木质装饰材料，应用普及非常迅速，并于 1972 年投入了工业化生产；在日本市场中，木质仿珍装饰材料被称为“人工化妆单板”和“工艺铭木”，纹理花色种类繁多，松下电工是其中的代表企业。到 20 世纪 90 年代，以意大利为代表的人造薄木产品在国际市场上广泛受到了用户的青睐[13]。国内此类研究和开发起步较晚，基础薄弱，1978 年获首例样品，1980 年仿红木径向纹理的木质仿珍装饰材料在上海木材工业研究所和上海家具研究所等科研单位的合作研究下诞生，到了 1987 年，弦向纹理和异型纹理染色的人造薄木试制成功，且开始以小批量的形式在市场投放。1988 年，中国林业科学研究院木材工业研究所在研制冷湿胶压木方面获得突破，但这一时期，由于起步相对较晚，胶黏剂和单板黏合工艺都不成熟，只能生产不染色的仿珍装饰单板，其各方面质量与国外产品都有明显的差距。到 20 世纪 90 年代有了很大的改善，1996 年黑龙江省林产工业研究所、中南林学院、北京林业大学合作研究，采用南方和北方常用的速生人工林树种，开发出可以生产多种纹理和颜色的木质仿珍装饰单板生产技术，缩小了与国外产品的技术差距。目前其发展势头十分迅猛，一些厂家自主生产出系列产品，该产品科技含量高，因此又被称为“科技木”。据不完全统计，仅在浙江德清、山东临沂、江苏宿迁三地，就拥有 15 家科技木装饰材规模企业，其年产量可达 5 万 m³ 左右，年产值更是高达 10 亿元[14]。

1.3　木材染色工艺研究的目的和意义

1.3.1　研究目的

　　木材是一种具有各向异性的天然生物材料，不同树种的木材在颜色、纹理、结构等方面都各不相同。像紫檀、柚木等这一类木材，其自带的颜色与纹理都十分美观。但是，这一类木材生长周期很长，且各国的储蓄量都有限，因此其价格也较平常的木材而言要高许多。随着各国对天然森林资源保护意识的增强以及人们对环保生活向往之情的增长，市场上珍贵木材的供需矛盾变得日益尖锐。

　　当前速生材在我国的栽种面积最广，同时它也是现代木材加工工业的主要材料，其具有生长速度快、成材早、用途广泛等优点。但在一些原因的作用下，速生材可能会出现变色及材色不均等现象，这会大大影响到速生材木材制品的外观与市场竞争力。同时，速生材还存在材色单调、花纹有天然缺陷、质量不高等缺点，不同树种之间的纹理、颜色还有着巨大的差别。因此为了实现劣材优用，我们需要对速生材的一些特性进行改变。

单板染色有机结合了木材的物理与化学加工，选择以单板为对象是因为较实木而言，单板具有很好的均染性，它更容易被染料染透，而且单板的生产成本较低，生产的工艺简单。在天然大径级木材越来越少的大趋势下，实木家具的制作已经不可能再大批量地进行。利用单板或用珍贵木材单板表面装饰后的人造板进行木制品的生产已经成为一种大趋势[15]。而且，在国内装修热的推动下，市场对木材单板的需求量急速增加，所以采用人工速生材单板为原料的仿珍染色技术成为最为重要和最有前途的一项木材染色技术。速生材单板仿珍染色技术能为生产企业很好地解决我国珍贵木材原料不足、价格过高的问题，在满足消费者较好消费体验的前提下，大大降低了企业的生产成本，因而深受家具和装饰行业的喜爱[16]。

本书在对木材染色原理进行系统分析的基础上，对染色全过程进行全面研究。在摸索染色预处理的基础上，对主流染色技术进行分析，着重研究不同性质染料的单板染色工艺，并对其进行比较，探讨单板染色的影响因素。对于染色中最重要的环节——配色提出了计算机自动配色及智能配色等方法，这对木材染色质量的提高起到至关重要的作用。在此基础上提出木材染色效果的评价方法。对木材单板染色的重要应用科技木的制备进行研究，并对染色其他应用进行分析。

1.3.2 研究意义

木材染色的研究，一方面，可以大大节省天然珍贵木材的使用量，从而保护天然林木资源，具有重大的环保意义；另一方面，可为采用本技术的企业解决高档木制品表面装饰材料的原料问题，降低生产成本，提高产品利润率，因此又具有巨大的经济意义。

1.4 木材染色技术研究现状和发展趋势

1.4.1 木材染色技术国内外的研究现状

染色技术最早运用在纺织行业。工业革命时期，纺织行业在英国等西方资本主义国家快速发展，导致市场对染料的需求量急速增加，从而促进了染料技术在这一时期的飞速发展。英国科学家 W. H. Perkin 在 1857 年利用重铬酸钾、苯胺、焦油合成出有机染料苯胺紫(mauveine)并将其投入工业生产中，从此合成染料开始走进人们的视野。20 世纪初期，第一种稠环还原染料诞生。到 20 世纪中期，活性染料迅速发展。在最近的二十几年里，受到合成纤维快速发展的影响，有机染料开拓出许多新的应用领域。有机染料进入木材工业开始于 1913 年，人们将苯胺紫应用于立木染色。

早在 20 世纪 50 年代，国外就已经开始展开对现代木材染色科学的研究。木材染色科学技术在近 70 年的研究中取得了较大的进步。1950 年，美国学者 R. M. Cox 和 E. G. Millary 提出了木材染色的简单工艺[17]。在 20 世纪 50 年代后期，苏联开始了在木材染色领域的研究，并出版了自己的专著。相较其他国家而言，日本学者在木材染色领域进行的科研工作最多，他们获得的成果与专利也相对较多。1964 年，大川勇等采用自然浸渍法对木材进行染色，但由于试验所用的木材尺寸过大，木材内部染色不均匀，然后他们又试验了自然煮染法[18]；1966 年，布村昭夫等通过研究发现染料的渗透主要发生在木材的纵向，其横向几乎不发生染料的渗透[19]；1969 年，相泽正对适合木材染色使用的染料和颜料的种类进行了报道[20]；1971 年，基太村洋子通过使用酸性染料、碱性染料和直接染料对处理过的木粉进行试验，探究了纤维素、半纤维素和木质素的染色性，对木材化学组成成分和组织构造的上染性作了研究[21]；1973 年，西田博太郎研究了直接染料、酸性染料、碱性染料对不同木材的染色效果[22]；1975 年，基太村洋子采用 60 多种酸性染料对木材进行染色，观察染料在木材中的渗透性，他发现树种间的染色存在较大的差异，木材显微结构、染料分子大小和结构、染料和木材间相互作用情况都会对染料在木材中的渗透性产生影响[23]；1989 年，矢田茂树运用显微观测研究了染液在木材中的渗透性及对木材表面自由能的影响[24]；1992 年，添野丰报道了木材浸渍染色用染料的种类和条件[25]；1996 年，樱川智史对木材漂白到木材染色及染色材变色防止方法进行了研究，认为直接染料只能在中色区、深色区染色，在浅色区不能染色，使用活性染料时要想提高木材成分的染色性必须使用助染剂，并提出了防止染色木材光变色的方法[26]。

木材染色在我国有着悠久的历史，像苏州生产的红木家具、福建的漆器着色等。但那些早期的木材染色大多只是将木材的表面涂刷上涂料，涂料在生产过程中并不会渗透到木材的内部，人们也没有对木材染色理论进行深刻的研究，因此并没有形成系统的有关木材染色方面的理论体系。我国科研单位和高校真正开始对木材染色技术进行探究是在 20 世纪 80 年代末期。陈云英为了探究染液浓度、温度、pH、染色时间以及助剂对单板染色的影响，对加拿大椴木和柳桉单板染色工艺进行了系列试验[27]；赵广杰等在恒定压力差作用下，观察了染料水溶液在木材中的渗入流量和溢出流量随时间的变化关系，研究了染料水溶液在木材中的渗透性[28]；陈玉和、陆仁书等通过对泡桐木材和单板染色工艺的研究，发现泡桐单板染色后上染率、色差变化等染色效果会受到染色时间、染色温度等工艺参数的影响，他们还对木材水溶性染料染色剂的组成和染色工艺进行了介绍，并就我国木材染色工业的发展给出了自己的建议[29]；段新芳等在进行了人工林毛白杨和杉木木材解剖构造与染色效果相关性的研究后，认为导管比量、木纤维比量和木射线比量等解剖因子会影响毛白杨木材的染色效果，而木射线比量、管胞比量、晚材管胞弦向壁厚和晚材管胞壁腔比等解剖因子会影响杉木木材的染色效果[30]；段新芳等还研究了木材染色的助染性、耐光性等受壳聚糖预处理影响的效果及机理[31]；于志明等分析了木材染色过程中的染液渗透机理，发现染料在不同树种木材中渗透性存在较大的差异，阔叶材的渗透性优于针叶材，密度与渗透性无直接关系等现象[32]；邓邵平等在酸性大红 3R 中分别添加双氰胺、纯碱和碳酸钾等后对杨木单板染色，发现染色单板的耐水色牢度有不同程度的提高，其中在加入双氰胺后得到的染色木材的耐水色牢度提高最大[33]；史蕾、黄荣凤等通过研究表明可以采用高温热处理的方法，引发木质素凝聚，从而使得木质素光降解作用减少，以达到提高木材耐光性的目的[34,35]；郭洪武等发现樟子松木材在经过乙酰化处理后，其耐光性和热稳定性会有所提高[36]；汶录凤等在对竹材进行壳聚糖预处理后，得到了耐光性优良的染色竹材[37]。

1.4.2　木材染色技术的发展趋势

随着市场上大径级实体木材的不断消耗，其价格在不断上涨，数量本就不多的珍贵木材的价格更是到了令人咋舌的程度，远远超出普通百姓能够承担的范围。家具和装饰行业纷纷开始采用木材单板来对木制品的表面进行装饰，尽可能地将木材的经济附加值提高，降低生产成本。在这种大趋势下，木材单板成为木材工业的宠儿，珍贵木材制成的薄木或单板更是深受各大企业的喜爱与追捧。但是，对于人工低质木而言，仍存在着被大量闲置或无法得到有效利用的问题。其根本原因在于利用人工低质木所产生的利润微薄，无法吸引生产者的目光。因此我们需要对人工低质木的特性进行改变，将低质木优用，实现经济利益和环保的双赢。各国也都在积极地开展提高低质木使用价值、增加其产品利润的研究，其中单板染色技术表现突出，单板染色技术是木材单板利用技术与木材染色技术发展的趋势。利用单板染色技术将人工林木材单板仿制成珍贵木材，大大提高了其附加值与环保意义。除此之外，我们对木材染色用染料的要求越来越高，对新型环保、高效的染料的研究也已经迫在眉睫。

木材染色技术涉及的学科非常广泛，不仅包含染色化学、木材学、光学，还涉及色度学、仪器分析等领域。在这个科技高速发展的时代，利用现代技术与手段发展木材染色技术已经是一种不可逆的趋势。如今计算机配色技术已经日趋成熟，相信在今后，木材工业中也必然会采用自动配色技术。

1.5　主要研究内容

本书对于木材染色的全过程进行全面分析，具体内容包括：

(1) 在探讨木材染色机理的基础上，综述木材染色的方法及染料的分类等，并对木材染色常用的颜色空间进行论述。

(2) 对染色前的漂白工艺及壳聚糖预处理工艺进行研究，并提出两种预处理对于染色的影响。

(3) 在对主流染色技术进行叙述的基础上，着重对目前应用广泛的单板染色技术进行分析，并对不同性质染料的单板染色工艺进行比较。

(4) 分析染色工艺及木材本身的解剖构造对木材染色性质的影响，对三种东北主要树种的染色影响因素进行对比研究。

(5) 对染色中配色环节进行分析，并对计算机配色及独创的智能配色手段进行详细的探讨，对传统智能预测算法进行改进，得出适合木材染色中配色的计算机智能配色模型。

(6) 对单板染色的重要应用——科技木的制造工艺进行详细的分析，其中包括核壳共聚乳液制造技术、科技木方胶合工艺及计算机模拟刨切技术、计算机花纹设计等。

(7) 对木材染色的其他用途进行综述分析。

参 考 文 献

[1] http://www.forestry.gov.cn/main/195/20191209/171246300671332.html.

[2] 陈水合. 2014 年我国木材消费、可供资源数量分析[J]. 中国林业产业, 2015, (7): 24-26.

[3] 耿利敏, 沈文星. 全球商品链视角下的中国林产品贸易林业经济[J]. 林业经济, 2014, 36(3): 58-63.

[4] 朱光前. 2019 年上半年我国木材与木制品进出口概况[J]. 国际木业, 2019, 49(5): 11-17.

[5] 陈水合. 我国木材加工业促进林业生态发展[J]. 中国人造板, 2019, 26(8): 36-39.

[6] 马宁, 黄永新. 林业技术创新对林业发展的影响探析[J]. 农业与技术, 2019, 39(24): 79-80.

[7] 黄锦云. 中国进口木材外来虫害的检验检疫监管效益评价研究[J]. 科技风, 2015, (13): 199.

[8] 魏年锋. 提高人工林科学经营水平的探索[J]. 福建林业科技, 2017, 44(3): 153-156.

[9] 易照丰. 塑木材料在室内外环境中的运用研究[D]. 长沙: 中南林业科技大学, 2015.

[10] 文杨, 姜久红. 木纤维混凝土抗压弯折性能实验研究[J]. 湖北工业大学学报, 2016, 31(2): 100-102.

[11] 李坚, 刘一星, 段新芳. 木材涂饰与视觉物理量[M]. 哈尔滨: 东北林业大学出版社, 1998: 120-168.

[12] 徐大平. 发展珍贵树种　促进林业产业转型升级[J]. 林业与生态, 2017, (4): 14-16.

[13] 程福广. 人造薄木的发展应用及其生产技术研究[J]. 建材与装饰, 2016, (24): 162-163.

[14] 詹先旭, 许斌, 程明娟, 等. 重组装饰材生产新技术的开发及应用[J]. 木材工业, 2018, 32(2): 23-27.

[15] 刘强强, 吕文华, 石媛, 等. 木材染色研究现状及功能化展望[J]. 中国人造板, 2019, 26(9): 1-5.

[16] 李春生, 郭文静. 单板染色改性重组材性能及其应用探讨[J]. 中国人造板, 2018, 25(2): 9-12.

[17] Cox R M, Millary E G. Wood dyeing process[J]. Paint Oil and Chem, 1950, 113(17): 14-15.

[18] 大川勇等. 木材浸透染色法[M]. 东京: 工艺技术, 1964: 78.

[19] 布村昭夫, 大川勇. 加压染色法[N]. 北海道林产试验月报, 1966-16-15.

[20] 相泽正. 木材涂装与设计[M]. 东京: 理工出版社, 1969: 96-97.

[21] 基太村洋子. 木材及木材构成成分的染色性[J]. 木材学志, 1971, 17(5): 292-297.

[22] 西田博太郎. 杂货染色法[M]. 东京: 工业图书, 1973: 259.

[23] 基太村洋子. マカバ. アサダ. ケセ キ材の染色[J]. 木材工业, 1975, (3): 15-18.

[24] 矢田茂树. 木材中への毛管压浸透における液体の最适表面张力[J]. 木材学会志, 1989, (11): 966-971.

[25] 添野丰. 木材の含浸着色技术について[J]. 涂装工学, 1992, (2): 50-56.

[26] 樱川智史. 木材の染色と光变色防止[J]. 木材工业, 1996, (3): 102-106.

[27] 陈云英. 人造径切木制造中单板深度染色工艺的探讨[J]. 北京木材工业, 1989, (1): 39.

[28] 赵广杰, 王德洪, 李学益, 等. 木材中染料水溶液的渗透过程[J]. 东北林业大学学报, 1993, 21(5): 54-58.

[29] 陈玉和, 陆仁书, 杨洪义. 泡桐木材仿红木染色工艺的研究[J]. 林产工业, 2001, (4): 17-19.

[30] 段新芳, 鲍甫成. 人工林毛白杨木材解剖构造与染色效果相关性的研究[J]. 林业科学, 2001, 37(1): 112-116.

[31] 段新芳, 孙芳利, 朱玮, 等. 壳聚糖处理对木材染色的助染效果及其机理的研究[J]. 林业科学, 2003, 39(6): 126-130.

[32] 于志明, 赵立, 李文军. 木材染色过程中染液渗透机理的研究[J]. 北京林业大学学报, 2002, 24(1): 79-82.

[33] 邓邵平, 叶翠仙, 陈孝云, 等. 3 种助剂对染色单板耐水色牢度的影响及其 FTIR 分析[J]. 福建林学院学报, 2009, 29(1): 45-48.

[34] 史蕾, 吕建雄, 鲍甫成, 等. 热处理木材性质变化规律及变化机理研究[J]. 林业机械与木工设备, 2011, 39(3): 20-24.

[35] 黄荣凤, 郭飞, 余钢, 等. 热处理及改性 PU 漆涂饰对龙脑香木材耐光色牢度的影响[J]. 木材工业, 2014, 28(3): 39-42.

[36] 郭洪武, 刘毅, 付展, 等. 乙酰化处理对樟子松木材耐光性和热稳定性的影响[J]. 林业科学, 2015, 51(6): 135-140.

[37] 汶录凤, 王玉梅, 吴华平, 等. 染色竹材的耐光性研究及提高耐光性的方法[J]. 西北林学院学报, 2016, 31(4): 275-278.

第 2 章　木材染色基础

木材的生物学特征和物理化学特征独特，其是一种具有各向异性、不均质的毛细孔天然高分子复合材料[1]；纤维素、木质素和半纤维素是木材的重要组成部分。木材能被染色是由其本身的一些性质所决定的，木纤维中的羟基等原子团具有良好的亲水性。染料随水溶液经过木材毛细管通道，并透过木材细胞壁扩散后，在纤维表面上沉淀，这便是染料对木材进行染色的过程。

木材染色的目的是改变木材原本颜色、掩盖木材的一些天然缺陷、消除木材色差，使其装饰效果更加丰富。在这一过程中，染色使用的颜料、染料或化学药品会与木材发生物理或化学结合，从而导致木材具有一定坚牢的色泽。

2.1　木材染色原理及方法

2.1.1　木材染色的原理

木材染色的原理：首先，木材被染液浸润后，其表面的吸附力会将染料分子吸附到木材表面；其次，染料分子会在染液压力和木材内部毛细管力的作用下，与水溶液一起通过木材毛细管等管道到达木材的内部；最后，染料分子在木材内部毛细管力、液体分子的热运动、由液体浓度差引起的扩散作用、液体压力梯度等因素的作用下，在木材内部进行自由移动，并透过木材细胞壁扩散后，最终在纤维表面上沉淀，达到染色的目的[12]。其中，范德瓦耳斯力即分子间的吸附力，是染料分子和木材纤维结合所依靠的主要力量，但这种情况也可能会因染色时使用的染料不同而发生改变。如当使用直接染料或酸性染料对木材进行染色时，染料分子还可以通过极性吸附力如氢键等与木材纤维进行结合；当使用活性染料对木材进行染色时，染料分子还可能会与木材纤维中的一些成分发生化学反应，形成一种共价键，从而达到结合的目的。

木材的许多物理性质如木材的含水率、密度、材色、表面纹理、干缩系数、粗糙度、传热性能和热传导的灵敏性等都会影响木材的染色效果。

染色时的温度会直接影响到木材的染色效果，它是木材染色处理工艺中很重要的一个参数[2,3]。木材多孔部分的传热效率决定了整个木材的传热效率，而多孔部分中水、空气等流体的存在会极大地影响其传热性能[4]；孔隙的分布和大小也会影响到多孔部分的传热性能，在相同含水率的情况下，孔隙小且孔隙率高的木材传热性能会比较低。

当木材的密度较小、干缩系数较大时，染料在其中的流动与渗透可能会更有利。因为在这种情况下，木材内部的孔隙可能较多，木材材质较为疏松。当然这并不是必然的现象，针叶材的染色效果可能会比阔叶材的染色效果差得多，其密度反而比阔叶材的密度要小。但在对同一树种进行研究时，这一理论还是具有一定意义的。

木材的含水率会影响到木材的染色效果，但这种影响并不大。尽管在木材饱和状态下，非极性溶剂想要扩散只能通过木材湿胀时细胞壁内暂时形成的孔隙，这会降低非极性溶液在木材中的渗透速度，且木材内部的毛细管吸附力也会受到木材内部孔隙含水率的影响，如果孔隙充满水，那吸附力会在很大程度上降低[5]。但是，决定染液在木材内部移动与渗透速度的关键是染液的浓度差引起的扩散作用和染液的热运动，而不是毛细管力。因此，我们说木材的含水率对木材染色效果的影响是很有限的。

木材材色对其染色效果的影响主要包括以下几点：

(1) 要对本来有着较深材色的木材进行染色比较困难，而且一些木材的材色较深是由于其含有较多带颜色的抽提物，这些抽提物会对染色的效果产生较大的影响。

(2) 有些树种的心材带有有色抽提物，导致其心材、边材在材色上会产生较大的差异。在对这种木材进行染色后，得到的心材、边材的颜色也会不相同。除此之外，心材、边材的差异还会影响到染料的渗透，心材由于含有较多的侵填体、酚类化合物和构造上的一些原因，染料在一般情况下很难渗透，而边材由于在树生长时期起到的是运输水分的作用，所以其比较容易渗透。

(3) 木材染色效果受木材表面粗糙度与表面纹理的影响可分为以下两方面。一方面，木材表面的吸附性受木材表面粗糙度的影响，木材表面粗糙度越高，吸附性就越强，对于染料分子的吸附上染就越有利[6]；另一方面，木材横截面上染性最好，因为其上有着众多孔隙如导管、管胞截面等，晚材部分的上染性要劣于早材部分，木材弦截面上染性优于径截面，因为弦截面上径向分布着木射线细胞。

(4) 纤维素、半纤维素和木质素是木材的主要化学组成成分，其中纤维素含有丰富的羟基(—OH)、羧基(—COOH)等亲水性基团，大量的极性官能团也存在于半纤维素和木质素的分子结构中。染色时，染液在被染色物体表面的浸润效果在很大程度上取决于被染色物体表面润湿性能的大小。木材内部纤维素、半纤维素和木质素中含有的极性官能团能相互作用，最终达到平衡，而裸露在外面的木材表面的分子存在剩余极性，使得木材表面拥有一定的表面自由能，当遇到极性气体或极性液体时就会发生吸附现象。因此，可以看出木材表面的润湿性能符合染色处理的要求。日本学者最先对木材化学组分的染色效果及其和染料相互作用的问题进行了探究。其中基太村洋子对从柳杉心材分离出的纤维素、半纤维素和木质素及其木粉进行了研究，得出如下结论：对纤维素，酸性染料染色效果不佳，直接染料染色效果较好；对半纤维素，酸性染料染色效果不佳，直接染料染色效果较好；对木质素，直接染料染色效果较差，酸性染料和碱性染料染色效果较好[7,8]。除此之外，还发现活性染料对各组分的染色效果较好，与木材各组分均可以发生反应。

(5) 木材的渗透性对木材染色效果的影响很大，而影响其渗透性的因素较多，因此其在染色处理过程中起着很重要的作用。

木材内部规模庞大，不仅拥有许多不同种类的细胞、细胞壁和其他的一些组织器官，还具有一个非常复杂的毛细管系统，我们可以将这个系统分为两大类：一类是大毛细管系统，它由细胞腔、细胞间隙和纹孔组成；另一类是由细胞壁上微孔组成的微毛细管系统——细胞壁上拥有大量的微纤丝，在微纤丝与微纤丝、基本纤丝与基本纤丝之间都存在着孔隙，这些孔隙就组成了微毛细管系统。木材具有很强的毛细管吸附作用，液体和气体等流体能在木材中进行流动与渗透都离不开微毛细管系统。而且，木材内部直径较大管道如阔叶木材中的导管组织和针叶木材中的轴向管胞等的存在，极大地增强了木材本身的渗透性。此外，木材的比表面积较大，其表面有很强的物理吸附力，能很好地使药剂吸附、渗透[9]。

抽提物对渗透性的影响：抽提物存在于树木的各个部分，其主要是一些有机高分子物质，如树脂、单宁、色素等，部分抽提物可以在水中溶解[10]，抽提物的存在对木材的渗透性有着很大的影响，且一般心材中抽提物的量要远远高于边材[11]。

纹孔及其构造对渗透性的影响：细胞壁上的纹孔是流体在细胞之间进行交换的主要途径，木材纹孔的数量、分布和自身状况对木材的渗透性有很大的影响。一般来说，渗透性越好的木材，其纹孔的数量就越多。当然，纹孔单位面积的大小也非常重要，单位面积上纹孔数量少但直径大的木材的渗透性不一定比不上单位面积上纹孔数量多但直径小的木材。所以总体来说，渗透性与纹孔的总面积即纹孔数量与纹孔单位面积的乘积有关。除此之外，并不是所有的纹孔总是处于开启状态，还有部分纹孔可能会被某些物质堵塞，所以木材的渗透性还与纹孔的开放率(单位面积上，处于开放状态且畅通的纹孔数量与纹孔总数量的比值)有关。

管胞特性对渗透性的影响：细胞横隔即细胞壁给予的阻力是流体在针叶木材中移动所受阻力的主要来源。在单位距离内，流体移动经过木材管胞的数量越少，流体受到的阻力就越小，木材的渗透性就越好。也就是说，木材管胞的长度越长，其渗透性就越好。但是这也并不是绝对的，因为在纵向上管胞与管胞之间的连接还存在着搭接的情况，我们还需要考虑管胞搭接率的问题。

不同树种对渗透性的影响：同一染料对不同树种的板材进行染色，其渗透性也有较大的差异。对于阔叶材而言，其早晚材在结构方面有着较大的差异，晚材的导管孔较小、结构相对致密，染液很难在其中渗透。阔叶材木纤维上的具缘纹孔位于纹孔膜的中央部分，且一般没有纹孔塞，纹孔膜相对较为均匀，纹孔室与纹孔腔是相通的，纹孔道相对较窄。阔叶材的三种组织结构——木纤维、木射线和导管对其染色效果的影响也有较大差别。从排列结构来看，木纤维与导管属于轴向排列，木射线属于径向排列，染料在木纤维和导管中的流动与渗透比在木射线中要好。从化学成分来看，细胞壁主要是纤维素与半纤维素，胞间层主要是木质素，它们对于不同染料的上染性也存在差别。染料在阔叶材中的渗透具有各向异性，这是由阔叶材的组织结构决定的，这对木材染色效果有着极大的影响。染液在木材中主要通过导管做轴向渗透，通过木射线细胞、导管和木纤维细胞壁上的纹孔做径向渗透，做径向渗透时的效果取决于纹孔的数量。由于纹孔的直径远小于导管，所以染料在阔叶材中轴向渗透的效果要远优于径向渗透的效果。对于针叶材而言，其早晚材同样存在结构差异问题。但不同组织对其染色效果的影响与阔叶材有所不同。针叶材的纹孔对中，纹孔膜中间有一块由微纤丝无定向编制而成的如碟子状的加厚部分，我们称之为纹孔塞，纹孔塞不具有渗透性。纹孔塞周围还有许多将其悬撑起来的呈放射状的微纤丝，我们将这些微纤丝称为纹孔塞缘，它们是流体在相邻管胞间流动的通道。管胞、木射线和树脂是针叶材的主要组成部分，木射线细胞和管胞壁上的纹孔是染液在木材中径向渗透的主要通道，因此染液的径向渗透效果取决于木射线和管胞壁上纹孔数量。由此可得影响针叶材染色效果的解剖因子有木射线和管胞所占比例、管胞弦向壁厚，以及管胞的壁腔比等。在轴向上，管胞是染液进行渗透的主要通道，所以管胞的数量对针叶材的染色效果有很大影响。除此之外，染料对针叶材的染色效果还受树脂道中树脂和填充物数量的影响，一方面是因为染料对树脂与填充物的染色效果较差；另一方面是因为如果树脂道中树脂与填充物的数量较少，染液就可以利用树脂道在木材内部进行流动与渗透。

2.1.2　木材染色的方法概述

对木材进行染色的方法有很多种，按被染木材的形态分为立木染色、实木染色、单板染色和碎料染色等。按染料浸注木材内部的方式分为常压浸渍、减压浸渍、加压浸渍、减压-加压浸渍等。除此之外，还有许多种分类方式。木材染色工艺的多样性是由染色木材不同的用途和不同的染色方式所决定的[13]。

1. 常压浸渍法

常压浸渍法是最常使用的木材染色方法，其处理的一般工艺是，将被染木材在常压下浸渍到染液中，依靠染液自身的压力，染液的扩散作用，以及木材自身的毛细管力来实现染液在木材中的渗透和流动，最终实现木材的染色。这种染色方法较其他染色方法工艺简单、成本低廉，具有一定的优势。但它的缺点是对实木染色效果差，染液很难渗透到比较大的深度。常压浸渍法根据染色温度的差异可以分为冷水浴浸渍法和加热浸渍法(煮染法)。因为温度的升高可以加剧染料分子的热运动和染液的扩散，能够大大提高木材的染色效果，所以加热浸渍法的染色效果要好于常温浸渍法。此外，1964 年日本学者大川勇发明了差温染色法，又称冷热槽染色法。该方法是先将被染木材加热，由于热胀的原因，使木材中的空气和水分受热膨胀排出木材，然后将加热后的木材浸泡到冷水浴的染液中，这时木材内部产生负压，更加有利于染液渗透到木材内部。冷热槽染色法可以改善染液在木材中渗透的不均匀性，减小染色木材表面色度学参数的差异，是一种比较优良的染色方法。

2. 加压浸渍法

采用加压浸渍法对木材进行染色是从染液的角度考虑。如果尽量提高染液的压力，则可以加大染液与木材内部之间的压力差，形成较大的压力梯度，有利于染液向木材内部渗透。其处理的一般工艺是，先将被染木材放入处理罐中；然后注入染液，并使木材完全浸渍在染液中；对染液加压，压力达到要求后保持一定时间，使染液对木材进行染色；在处理工艺中，染液压力和加压时间是最为重要的影响因素。加压浸渍法可以使染液在木材中的渗透深度大大增加，从而提高木材的染色深度和上染率。

3. 减压浸渍法

减压浸渍法也称为真空浸渍法。采用这种染色方法是从被染木材的角度考虑。理论上来说，如果对被染木材进行抽真空处理，可以将木材内部的空气和水分排出，一方面使得木材内部产生极大的负压力，另一方面打通了木材内部被空气和水分阻塞的孔隙通道，从而有利于染液渗透到木材内部。根据这个想法，便产生了减压浸渍法。其处理的一般工艺是，先将被染木材放入真空浸注罐中进行抽真空处理；待真空时间达到后注入染液，保持真空浸注罐中一定的真空度，并使木材完全浸泡在染液中进行染色；在处理工艺中，真空浸注罐的真空度和真空时间对染色效果的影响最为重要。减压浸渍法可以在很大程度上改善木材的渗透性，提高木材的染色深度和上染率。

4. 减压-加压浸渍法

减压-加压浸渍法是将减压浸渍法与加压浸渍法相结合所产生的一种木材染

色方法。它从染液和被染木材双方面考虑，对两方面都进行处理，效果大大优于前面介绍的两种染色方法。其处理的一般工艺是，先将被染木材放入处理罐中，使用真空加压浸注设备对其进行抽真空处理；待真空时间达到后，注入染液，保持处理罐中一定的真空度，并使木材完全浸渍在染液中；提高处理罐中的压力，对染液加压，压力达到要求后保持一定时间，使染液对木材进一步染色。

2.2　木材染色用染料分类与特性

有色物质，采用适当的方法，使其他物质具有牢固的颜色，这种有色物质称为着色剂或染料，染料又称有机染料，大多数是具有特殊颜色的芳香烃类有机化合物。

人类使用染料有着悠久的历史，但究竟从何时开始使用染料，得从人类追求色彩的目的开始。首先，为了生存的需要，为了利于部落间的战争和与野兽搏斗，需要用色彩对自身进行伪装；其次，对远古宗教的信奉和爱美的天性，需要以色彩装饰。另外，随着社会阶级的出现，色彩便用来代表等级和阶层，《尚书·皋陶谟》中就有记载。正是上述原因导致了染色技术和染料的发展。最初人们使用天然有色矿物作为染料，后来逐步发展为采用植物色素、动物色素作为染料，这些也被总称为天然染料。中国的染料发展历史辉煌，早在 18000 年前山顶洞人就使用氧化铁红来对饰品进行染色；在织物染色方面，5500 年前郑州青台已可生产浅绛色罗；植物和动物染料的应用则始于黄帝时代。常用于提取天然染料的植物有蓝草、茜草、红花、苏木、槐花、鼠李等，常用的动物染料有虫红和贝、螺中制取的泰雅红紫等。

尽管天然染料的应用历史非常悠久，但由于其大部分品种色牢度差、资源浪费严重，除了虫红等少数种类仍沿用至今外，大部分逐步被合成染料所取代。合成染料的发展始于 1857 年的英国，化学家 W. H. Perkin 用苯胺硫酸盐和重铬酸钾合成了名为泰尔红紫(Tyrian violet)的染料，即苯胺紫(mauve, mauveine)，并于同年建厂生产。1859 年，法国化学家 Verguin 合成了第一种碱性染料——碱性品红(magenta)。1862 年，Nicho Ison 合成了酸性染料可溶蓝和碱性蓝。1863 年，Lightfoot 发现了第一种在纤维上显色的染料——苯胺黑(aniline black)。1871 年，Keknle 合成了第一种羟基偶氮染料，时至今日，偶氮染料仍然是最大的一个染料类别。1883 年，Walter 合成了第一种直接染料——直接黄 R。1901 年，Bohn 合成了第一种还原染料——还原蓝 RSN。除此之外，还陆续出现了硫化染料、光敏染料等种类，但引人注目的是 1956 年英国帝国化学公司发明的纤维素纤维染色用的活性染料，它标志着染料与纤维的着色原理从物理过程发展为化学反应，是染料发展史上的第二个里程碑。合成染料经过 150 多年的发展，使用品种已达万种。鉴于染料行业的蓬勃发展，英国染色家协会于 1924 年根据化学结构与光谱序列的色相结合进行系统分类的方法汇编了《染料索引》(*Color Index*，简称 C.I.)，这是一部国际性的染料和颜料及中间体品种的汇编，1993 年其收录的染料和颜料数达 8827 种。目前，传统染料逐步向高技术转化的功能染料开发，使染料的应用涉足高科技领域，染料的应用价值提高了数十倍[14]。

染料的分类可分为两种，根据染料分子的化学结构对其进行分类的，我们称之为化学分类，根据染料的应用性能对其进行分类的，我们称之为应用分类。按化学分类，染料可分为偶氮染料、蒽醌染料、靛族染料、酞菁染料和芳甲烷染料等。按应用分类，可以将染料分为直接染料、酸性染料、碱性染料、分散染料、还原染料和活性染料等。染料的种类多种多样，其中大部分都可以对木材进行染色，但是染色的效果却存在很大的差异，因此在进行木材染色时，对染料进行挑选是很有必要的。目前木材单板染色的方法仍主要是用有机染料进行浸渍染色，所使用的染料分为水溶性染料、醇溶性染料和油溶性染料。其中水溶性染料以其低廉的成本、使用方法简便，以及相对于其他两种染料环境污染较小等优点，成为木材染色生产中最常使用的一类染料。酸性染料、碱性染料、直接染料、活性染料(反应性染料)等都是我们经常使用到的水溶性染料[15]。

直接染料(direct dye)属于阴离子染料，在中性或弱碱性介质中，即使不对其进行特殊处理，也能直接对木材进行染色。该类染料包括大量的偶氮染料，其分子大，具有线性共平面的特征，有较长的共轭系统，对纤维的亲和力较高，有较大的直接性，故称为直接染料。它以各种二胺类化合物衍生的双偶氮和多偶氮结构为主，与木纤维素之间可以依靠分子间的范德瓦耳斯力和氢键相结合。它的染色机理是当染液浸润纤维时，纤维吸水膨胀，染料在随水分子运动时吸附在纤维表面，并向纤维内部的无定形区扩散；过程中染料分子之间会发生"聚集"和"解聚"作用，染料和纤维之间会发生"吸附"和"解吸"作用；当这两个动作达到动态平衡时，染色过程即结束。直接染料的生产工艺简单，价格低廉，且其色谱由黄到黑，十分齐全，使用起来非常方便，但耐洗、耐光色牢度较差，而且很大一部分染料是以 24 种致癌芳香胺为原料制成的，已被世界许多国家明令禁用。

碱性染料(basic dye)属于阳离子染料，又被称为盐基染料，其染料母体带有正电荷，与带有负电荷的盐酸、草酸或氯化锌等能形成盐；作为合成染料，其包括由苯甲烷型、偶氮型、氧杂蒽型等有机碱和酸形成的盐，开始生产的时间最早。碱性染料和腈纶纤维能形成离子键结合，分散型碱性染料在染浴中为不溶于水的络合物，能在纤维上均匀地吸附扩散与渗透，与纤维的亲和力相对较低。染料络合物随着染色温度的上升会发生解离，呈阳离子性的染料和酸性基团发生反应，形成离子键，完成染色。碱性染料色谱齐全，色泽鲜艳，得色量高，但色牢度很差，通常不用于木材染色。

　　酸性染料(acid dye)是一种大多以磺酸盐形式存在的水溶性染料，结构上带有水溶性基团。该染料又被称为阴离子染料，因为其含有大量的羧基、羟基或磺酸基，在溶液中易解离，且阴离子是其染色的主要成分，偶氮染料、蒽醌染料、吖嗪染料、三芳基甲烷染料和硝基染料等都是酸性染料。酸性染料是在酸性或中性介质中染色的染料，按染色性能和应用又分为强酸性、弱酸性、中性、酸性媒介和酸性络合染料等。其结构特点是分子相对较小，至少含一个以上的水溶性基团，化学结构以偶氮型和蒽醌型为主。酸性染料的染色原理与直接染料类似。在酸性介质中，酸性染料易发生电离，形成带负电荷的磺酸基(RSO_3—)，当酸性染液浸润木纤维后，氢离子会很快地扩散到木纤维的内部，由于氢离子带正电，其会与带负电的羧基(—COOH)中和，使得木纤维带正电荷，在亲和力的作用下，带正电的木纤维会与带负电的磺酸基(RSO_3—)结合，进而完成染色。酸性染料色谱齐全，色泽鲜艳，价格低廉，色牢度尚可，在木材中的渗透性优良，在活性染料出现之前，一直是木材工业中首选的染料，但其均染性差，湿处理牢度和日晒牢度因品种不同而差别较大，有一定的致癌性，在 1994 年德国公布的 118 种禁用染料中，酸性染料有 26 种之多，因此它在很多方面不如活性染料。

　　活性染料(reactive dye)是一种分子中带有活性基团的水溶性染料，又称反应性染料。它是一种新型环保性染料，具有很广阔的应用前景。活性染料是 20 世纪 60 年代兴起的一种新型染料，其结构与其他染料相比存在差异，结构通式为

$$W—D—B—Re \tag{2-1}$$

式中，D——发色体或母体染料；

　　　　B——活性基与发色体的连接基；

　　　　Re——活性基；

　　　　W——水溶性基团。

　　偶氮、蒽醌、酞菁等结构的染料是活性染料的母体，这些母体染料以偶氮类，特别是单偶氮类居多。我们可以按母体染料的发色体系对活性染料进行分类，但一般还是选择按活性基来对其进行分类。活性染料的染色机理为：纤维素纤维的羟基在碱性介质中会发生解离，形成带负电的羟基离子，通过亲核取代和亲核加成等反应，与活性染料形成酯键和醚键等纤维-染料共价键，然后完成染色。活性染料的色谱齐全、色泽鲜艳，生产成本也相对较低，且还具有良好的湿牢度和均染性能。OEKO-TEX 标准 100 和德国政府 MAK(Ⅲ)规定的总共 24 种致癌芳胺中，涉及的活性染料被禁用的很少，德国政府 1994 年公布的 118 种禁用染料、1996 年公布的 132 种和 1999 年德国化工协会(VCI)公布的 141 种禁用染料中都没有活性染料，相对来说活性染料的环保性要优于其他种类染料。目前活性染料已成为纤维素纤维纺织物染色和印花的一类十分重要的染料，在木材染

色领域也逐渐占据了重要地位，是后起之秀、明日之星。

综上所述，木材染色领域所使用的染料以活性染料和酸性染料为主。但由于活性染料的性能更优越、染色效果更好，酸性染料在以后必定会被它所取代。

2.3　木材染色颜色表征

色彩[16]是人眼受到一定波长和强度的电磁波刺激后产生的一种感觉。对于其研究必须基于染色模型。人类观察颜色时，看到的只是颜色的"外貌"。所谓"外貌"是指人类大脑对颜色产生的观感，但是外貌相同的两个颜色，也就是人类认为是相同的两个颜色，它们的光谱组成却不一定一样，尤其是通过多种颜色混合产生的颜色和单一颜色。我们称两种外貌相同的颜色之间的相互替代为"颜色匹配"，外貌相同，但光谱组成不同的颜色匹配称为"同色异谱"的颜色匹配。此外，通过研究还发现，几种颜色混合时，其混合色的光亮度等于各颜色光亮度之和。根据颜色匹配的原理，任意一种单色，都可通过适当的三原色混合而得到与该单色相同的颜色和亮度，称为色度匹配。表征颜色和亮度的数量值统称为色度[17]。

现代色度学采用的是 CIE(国际照明委员会)标准色度学系统，这套系统对颜色测量原理、数据和计算方法进行了规定。此系统的基础是两组现代色度学的基本视觉实验数据，分别为适用于测量大于 4°视场颜色的 CIE 1964 补充标准色度观察者光谱三刺激值与适用于测量 1°~4°视场颜色的 CIE 1931 标准色度观察者光谱三刺激值。

CIE1931-XYZ 系统：该系统是用设想的原色 X、Y、Z 建立的色度学系统。其中 X 代表红原色、Y 代表绿原色、Z 代表蓝原色。整个光谱轨迹都被包含在由 X、Y、Z 所形成的三角形内，使得光谱轨迹上和轨迹之内的色度坐标都成为正值。X、Y、Z 三原色的数量称为 1931CIE 标准色度观察者光谱三刺激值。

CIE1964 补充色度学系统：1964 年，CIE 规定了一组 CIE1964 补充标准色度观察者光谱三刺激值和相应的色度图，目的是更好地对 10°大视场的色度进行测量。因为当被观察或测定的颜色是大面积，视场大于 4°时，颜色视觉会产生变化：视网膜黄斑以外的杆型细胞也会参与刺激作用，产生名为麦克斯韦圆斑的斑点，这会降低所观察颜色的饱和度并导致颜色视场出现不均匀的现象。

除此之外，不同的光源对颜色视觉有不同的作用，一种色质的颜色不仅取决于每种波长下的反射率，还取决于照射在其上的光的组成。对颜色进行测量，首先要标明光源。而光色特性包括：发光效率，指每消耗 1W 功率所能产生的光通量；光谱功率分布，指光源的光谱辐射按波长顺序和各波长强度分布；连续光谱，指由红到蓝各种色光在内的连续彩色光带；线状光谱，指在整个光谱区中某个波长处发生狭窄的光谱；绝对黑体，指在任何波长下能够全部吸收任何波长辐射的物体；色温，指某光源的色度与绝对黑体辐射的色度一样时光源的温度。

在大多数的颜色测量过程中，对两个及两个以上物体色颜色的比较都会在用数据表达物体色的性质后被涉及。如果适当的标准观察者在适当的光源和观察几何条件下，观察到的两种颜色的三刺激值相同，则它们是一种理想匹配。但若有任何三刺激值不同，则它们不匹配，即存在色差，整个差异与它们之间能感觉出来的差异近似。我们用 ΔE 来表示色差，Δ 表示差异，E 是德语单词 Empfindung 的第一个字母，含义为感觉。

颜色模型较多，且各自的用途有所差别，$L^*a^*b^*$ 颜色空间对于研究木材颜色问题是比较适合的[18,19]。首先，它与仪器设备没有关系；其次，它能很好地表征染色前后的色差，对于木材这样的颜色区分不是很明显的材料来说是比较合适的。但它的主要缺点是没有提供直接显示的格式，因此必须转换到其他颜色空间显示，而对于配色系统这样的减色系统来说，采用 CMY 空间较为合适。综上，本书采用的颜色空间分别为 $L^*a^*b^*$ 空间和 CMY 空间作为研究对象来对木材的颜色配方进行预测。

下面简单对这两个空间进行介绍。

2.3.1　CIE-CMY 空间

CMY(cyan，magenta，yellow)减色系统，用于印染、配色等领域。因此需要 RGB→CMY 的转换，但是 CMY 较 RGB 来看能够表达的颜色要少。青(cyan)、品红(magenta)、黄(yellow)分别是红(R)、绿(G)、蓝(B)三色的互补色，是硬拷贝设备上输出图形的颜色，如彩色打印、印刷等。它们与荧光粉组合光颜色的显示器不同，是通过打印彩墨(ink)、彩色涂料的反射光来显现颜色的，是一种减色组合。由青、品红和黄三色组成的色彩模型，使用时相当于从白色光中减去某种颜色，因此又称减色系统。在笛卡儿坐标系中，CMY 色彩模型与 RGB 色彩模型外观相似，但原点和顶点刚好相反，CMY 模型的原点是白色，相对的顶点是黑色。CMY 模型中的颜色是从白色光中减去某种颜色，而不是像 RGB 模型那样，是在黑色光中增加某种颜色。

CMY 三种被打印在纸上的颜色，可以理解为

$$青(C) = 白色光 - 红色光 \tag{2-2}$$

$$品红(M) = 白色光 - 绿色光 \tag{2-3}$$

$$黄(Y) = 白色光 - 蓝色光 \tag{2-4}$$

2.3.2　CIE-$L^*a^*b^*$空间

该空间是在 1931 年 CIE 制定的色彩度量国际标准的基础上建立的。1976 年，

这种空间被重新修订并命名为 $L^*a^*b^*$。$L^*a^*b^*$ 空间与设备无关，不管使用什么设备创建或输出图像，这种色彩空间产生的色彩都保持一致，$L^*a^*b^*$ 空间弥补了 RGB 与 CMY 两种色彩空间的不足，是不同色彩空间转换时使用的内部色彩空间。$L^*a^*b^*$ 空间由亮度或光亮度分量 L^* 和两个色度分量 a^* 和 b^* 组成，a^* 的色彩是从深绿到灰，再到亮粉红色；b^* 则是从亮蓝色到灰，再到焦黄色。从三个刺激量 X、Y、Z 到 $L^*a^*b^*$ 颜色空间的转换公式为

$$
\begin{aligned}
L^* &= 116 f\left(\frac{Y}{Y_0}\right) - 16 \\
a^* &= 500\left[f\left(\frac{X}{X_0}\right) - f\left(\frac{Y}{Y_0}\right) \right] \\
b^* &= 200\left[f\left(\frac{Y}{Y_0}\right) - f\left(\frac{Z}{Z_0}\right) \right]
\end{aligned}
\tag{2-5}
$$

其中

$$
f(t) = \begin{cases}
t^{\frac{1}{3}} & t > 0.008856 \\
7.787t + \dfrac{16}{116} & t \leqslant 0.008856
\end{cases}
\tag{2-6}
$$

$L^*a^*b^*$ 颜色空间覆盖了全部可见光色谱，并可以准确表达各种显示、打印和输入设备中的彩色。它比较强调对绿色的表示，然后是红色和蓝色。

参 考 文 献

[1] 尹思慈. 木材学[M]. 北京: 中国林业出版社, 1996: 22-119.

[2] 大川勇, 齐藤博子. 木材浸透染色法[M]. 日本: 神奈川县工艺指导所, 1964.

[3] Canevari C, Delorenzi M, Invernizzi C, et al. Chemical characterization of wood samples colored with iron inks: insights into the ancient techniques of wood coloring[J]. Wood Science and Technology, 2016, 50(5): 1057-1070.

[4] 王旋, 刘竹, 张耀丽, 等. 木材微区结构表征方法及其研究进展[J]. 林产化学与工业, 2018, 38(2): 1-10.

[5] 刘强强, 吕文华, 石媛, 等. 木材染色研究现状及功能化展望[J]. 中国人造板, 2019, 26(9): 1-5.

[6] 杨薇, 杨新玮. 国内外活性染料进展染料工业[J]. 染料工业, 2001, 38(4): 1-5.

[7] 基太村洋子. 木材すよび木材构成成分の染色性[J]. 木材学会志, 1971, 7: 292-297.

[8] 基太村洋子. 木材染色[J]. 木材工业, 1974, 2(9): 188-193.

[9] 齐文玉, 李清芸, 陈孝丑, 等. 黄枝润楠木材结构特征的分析[J]. 森林与环境学报, 2017, 37(4): 502-506.

[10] 科尔曼 F F P, 库思齐 E W, 施塔姆 A J. 木材学与木材工艺学原理: 人造板[M]. 江良游, 等

译. 北京: 中国林业出版社, 1991: 25-55.

[11] 付晓霞, 山昌林, 马立军, 等. 速生杨木单板染色技术的研究[J]. 木材加工机械, 2017, 28(6): 5-7.

[12] 王玉梅. 木竹材染色及其在产品设计中的应用[D]. 杭州: 浙江农林大学, 2017.

[13] 徐然, 祁忆青. 天然染料研究及应用于木材染色的探讨[J]. 家具, 2019, 40(6): 5-8.

[14] 肖刚, 王景国. 染料工业技术[M]. 北京: 化学工业出版社, 2004: 60-90.

[15] 赵雅琴, 魏玉娟. 染料化学基础[M]. 北京: 中国纺织出版社, 2006: 1-100.

[16] 王小平, 陆长德, 康文科. 色彩设计初步[M]. 西安: 西北工业大学出版社, 1997.

[17] 何国兴. 颜色科学[M]. 上海: 东华大学出版社, 2004: 140-180.

[18] 张卿硕, 杨雨桐, 符韵林, 等. 巴里黄檀心材色素为染料桉木单板仿珍染色工艺与着色机制[J]. 北京林业大学学报, 2020, 42(3): 151-159.

[19] 余春和, 杨雨桐. 植物染料用于木材仿真染色的探讨[J]. 陕西林业科技, 2018, 46(2): 8-90.

第 3 章　木材单板染色预处理工艺

3.1　木材漂白技术

3.1.1　木材漂白技术的原理与作用

1. 漂白原理

木材之所以显色、变色，究其根本，是因为木材细胞壁的主要成分纤维素、半纤维素和木质素，以及木材抽提物中含有发色基团，或者是含有一些能与氧气、金属离子、酸、碱、盐等化学物质发生反应而显色的基团，如能够发色的碳氧($C\!=\!O$)、碳碳($C\!=\!C$)共轭双键结构的基团，反应后能够发色的羟基(—OH)、甲氧基(—OCH$_3$)等基团。针对这个原因，如今我们对木材进行漂白常用的方法有：①利用有机溶液或碱性药剂将木材中的发色物质浸提出来；②使用水槽浸泡法(将木材放入漂白剂溶液中进行水煮处理)，破坏木材的发色和助色基团。目前市场上常见的漂白剂有两种类型——还原型与氧化型，其中氧化型漂白剂被使用得更多[1,2]。

2. 漂白的作用

首先，不论是用于造纸还是饰面装饰，木材的材色都是决定其价值的一个重要标准。其次，在生产木质仿珍装饰材料的过程中，由于要经过仿珍染色的工艺，因此要求加工的原材料色泽浅淡一致。而目前大量应用的大部分次生林和人工速生林木材的色泽不够均匀、纯正，由于生长条件的不同，同一树种的木材之间也有很大差异。此外，由于某些外部因素，木材在运输、储存和加工处理等过程中也会发生变色，产生颜色差异和缺陷[3]，这其中包括：

(1) 光变色：光线的长期照射，木材中的碳氧双键($C\!=\!O$)和碳碳双键($C\!=\!C$)等会吸收光能，从而产生不同的着色物质，使木材变色。

(2) 水分迁移变色：在外部温度剧变的情况下，或在木材干燥处理过程中，木材中的水分会发生大规模的迁移，导致木材中的抽提物和其他一些有色物质迁移，使这些有色物质在木材中局部聚集，从而造成色斑和色泽差异。

(3) 酶变色：木材中的酚类物质在氧化酶的作用下易被空气氧化而显色，造成颜色缺陷。

(4) 热变色：热量除了能使木材中的水分迁移外，它本身也可以改变木材组分中半纤维素和酚类物质的化学结构，使其显色，从而造成颜色缺陷。

(5) 生物污染变色：真菌、细菌等微生物会使木材发生霉变，甚至蓝变，不只对木材颜色造成缺陷，对材质的影响也很大。另外，一些昆虫对木材的侵害，也会造成疤斑、髓斑及颜色不均等颜色缺陷。

(6) 化学污染变色：木材由于接触了金属离子、酸、碱和盐等化学物质，这些物质可以与木材组分发生反应而使其显色，从而造成颜色缺陷。

针对上述情况，对木材进行脱色处理就显得尤为重要了。而在众多脱色处理中，木材的漂白处理应用最为广泛。木材漂白是指用化学药剂对木材进行处理，从而淡化木材颜色的处理过程。木材经过漂白处理后，颜色变浅，色泽均一，木材表面特有的美感增强或材色的层次效果凸出，从而拓宽薄木装饰材的应用领域。木材漂白是生产木质仿珍装饰材料工艺中不可或缺的一道重要的工序[4-6]。

3.1.2　试验材料方法

漂白剂：过氧化氢 H_2O_2(30%)；

助剂：硅酸钠 Na_2SiO_3，磷酸钠 Na_3PO_4，蒸馏水。

试件制作：按尺寸 100mm×50mm 裁制试件，并用砂纸清洁其表面。对纹理均匀、无严重缺陷的试件进行编号，作为试验用材。

1. 单因素试验

研究无机稳定剂 Na_2SiO_3 浓度对漂白效果的影响，并确定其最佳浓度。

(1) 漂白液配制：如表 3-1 所示。

表 3-1　单因素试验漂白药剂配制表

编号	药剂			
	H_2O_2 浓度/%	Na_2SiO_3 浓度/%	Na_3PO_4 浓度/%	蒸馏水用量/mL
1		0.2		
2		0.3		
3	3	0.4	0.85	300
4		0.5		
5		0.6		

(2) 单板单因素漂白：测量用于漂白试验的单板的白度值，并记录数据。然后设计一个单因素-五水平的试验方案，每个水平试验对 10 张单板进行漂白。具

体试验安排如表 3-2 所示。

表 3-2　桦木单板单因素漂白试验

水平	因素					
	Na$_2$SiO$_3$ 浓度/%	H$_2$O$_2$ 浓度/%	Na$_3$PO$_4$ 浓度/%	浴比	温度/℃	时间/min
1	0.2					
2	0.3					
3	0.4	3	0.85	10：1	60	50
4	0.5					
5	0.6					

以 10 张单板为一组，按组编号分批次将试样装入不锈钢试样笼，确保试样之间留有空隙。然后将试样笼浸入盛有漂白液的大烧杯中，将烧杯放入恒温水浴锅中加热，室温入漂。当温度达到漂白要求时，开始计时。经过规定时间后取出烧杯，并将水浴锅关闭。将单板置于室内通风处风干。

2. 正交试验

研究漂白效果受 H$_2$O$_2$ 浓度、Na$_3$PO$_4$ 浓度、漂白温度、漂白时间，以及浴比(漂白药液与试材单板的体积比)等试验因素的影响，对桦木单板的漂白工艺进行优选。

(1) 漂白液配制：如表 3-3 所示。

表 3-3　正交试验漂白药剂配制表

编号	药剂			
	H$_2$O$_2$ 浓度/%	Na$_2$SiO$_3$ 浓度/%	Na$_3$PO$_4$ 浓度/%	蒸馏水用量/mL
1	2		0.6	300
2	3	0.5	0.7	450
3	4		0.8	600
4	5		0.9	750

(2) 单板漂白正交试验：测量用于漂白试验的单板的白度值，并记录数据。查找相关文献，综合比较出一个相对较好的漂白工艺参数，设计一个五因素-四水平的正交试验方案，每个水平试验漂白桦木单板的张数为 10 张。具体试验安排如表 3-4 所示。

表 3-4　主要工艺参数影响正交试验

水平	因素				
	H_2O_2浓度/%	温度/℃	时间/min	浴比	Na_3PO_4浓度/%
1	2	60	30	10∶1	0.6
2	2	70	50	15∶1	0.7
3	2	80	70	20∶1	0.8
4	2	90	90	25∶1	0.9
5	3	60	50	20∶1	0.9
6	3	70	30	25∶1	0.8
7	3	80	90	10∶1	0.7
8	3	90	70	15∶1	0.6
9	4	60	70	25∶1	0.7
10	4	70	90	20∶1	0.6
11	4	80	50	15∶1	0.9
12	4	90	70	10∶1	0.8
13	5	60	90	15∶1	0.8
14	5	70	70	10∶1	0.9
15	5	80	50	25∶1	0.6
16	5	90	30	20∶1	0.7

3.1.3　试验结果与讨论

1. 漂白效果的影响因素

漂白处理后，通过对白度值的测量，得出了白度变化的结果。

(1) 单因素试验结果分析：为了了解漂白效果受无机稳定剂 Na_2SiO_3 浓度的影响，并找出其最佳浓度，我们进行了单因素漂白试验。在单板漂白过程中加入 Na_2SiO_3 可以提高漂白效果，是因为 Na_2SiO_3 能够钝化该进程中的金属离子，避免金属离子加速过氧化氢(H_2O_2)的分解，从而达到稳定 H_2O_2 的效果，因此我们还将 Na_2SiO_3 称为稳漂剂。单因素漂白试验中单板前后白度变化的结果如表 3-5 所示，从表中可知，当 Na_2SiO_3 浓度小于 0.5%时，单板漂白前后白度的变化值会随着 Na_2SiO_3 浓度的增加而小幅度增加，当 Na_2SiO_3 浓度到达 0.5%时，单板漂白前后白度变化值达到最大，再往后，随着 Na_2SiO_3 浓度的增加，单板白度变化值反而有所下降。由此我们可以得出结论，浓度为 0.5%的 Na_2SiO_3 对木材的漂白最有利。Na_2SiO_3 浓度超过 0.5%后白度变化反而下降的原因是：漂白过程中，Na_2SiO_3 会产生一种可以附着在单板表面的胶状沉淀物，这种胶状物自身带正电，会吸附带负电的 HO_2^-，并干扰 HO_2^- 向木材内部的扩散，当其数量过多时，就会影响漂白的效果。

表 3-5　单因素漂白试验白度变化

水平	漂白前白度平均值/%	漂白后白度平均值/%	白度变化值/%
1	39.5	61.0	21.5
2	37.5	59.5	22.0
3	39.7	61.8	22.1
4	43.7	66.8	23.1
5	43.3	65.5	22.2

(2) 正交试验结果分析：过氧化氢浓度：从图 3-1 可以看出，单板白度变化值最大时过氧化氢的浓度为 4%，当过氧化氢浓度超过 4%时，单板白度变化值反而降低。造成这种现象的原因可能是当过氧化氢浓度超过 4%时，其氧化性过强导致单板组分氧化而发生色变。除此之外，由表 3-6 可知，过氧化氢浓度对漂白效果影响显著，其影响力在几个影响因素中居首位。因此，过氧化氢浓度应选择 4%为佳。

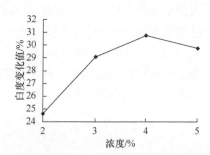

图 3-1　过氧化氢浓度对白度变化值的影响图

表 3-6　正交漂白试验中白度前后变化的方差分析

因素	偏差平方和	自由度	F 比	F 临界值	显著性
过氧化氢浓度	87.740		8.083		*
温度	60.166		5.543		*
时间	20.826	3	1.919	5.390	—
浴比	10.855		1.000		—
磷酸钠浓度	50.483		4.651		

注：F 比为均方与自由度的比值。

*为 $\alpha=0.1$ 下显著。

　　温度：由图 3-2 可看出，在试验范围内，随着温度的上升单板白度变化值不断增加。从对表 3-6 的分析中可以得到温度对单板漂白效果的影响在所选因素中位列第二，因此尽管在图 3-2 中，温度为 90℃时单板白度的变化与 80℃时相差无几，但还是应该选择 90℃为最佳温度。温度之所以对漂白效果的影响如此之大是因为随着温度的升高，药液中药剂的扩散作用会加强，使得药剂接近单板表面的速度更快，向单板内部进行渗透的速度也更快，因此漂白效果会得到显著提高。

　　磷酸钠浓度：在漂白过程中，为了有利于过氧化氢产生活性漂白离子——过氧根离子(HO_2^-)，需要将其置于一个碱性的环境中。因此需要在漂白过程中加入磷酸钠，使其与药液中的水发生反应，从而使得药液呈碱性，达到调节药液 pH 的作用。一般在调节 pH 时多会选用氨水，但是氨水在加热时容易分解、挥发，稳定性差，因此在本次试验中不选择使用氨水来进行 pH 的调节。从图 3-3 中可以看出，在磷酸钠的浓度低于 0.8%时，单板白度变化值会随着磷酸钠浓度的增大而增大。当磷酸钠的浓度为 0.8%时，单板白度变化值达到最大值。当磷酸钠的浓度超过 0.8%时，单板白度变化值反而会变小，这是由于在过强的碱性环境下，过氧化氢的无效分解过多，木材组分还会发生降解变色。除此之外，由表 3-6 可知，漂白效果受磷酸钠浓度的影响不大，仅排在所选要素的第三位，所以为了节约磷酸钠的用量，降低试验成本，将磷酸钠的最佳浓度定为 0.7%。

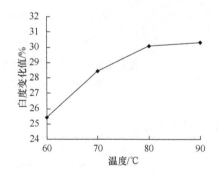
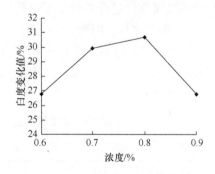

图 3-2　温度对白度变化值的影响　　图 3-3　磷酸钠浓度对白度变化值的影响

　　时间：从图 3-4 可以看出，对单板进行漂白时，单板的白度变化值会随着漂白时间的延长而增大，但变化的趋势较为平缓。又由表 3-6 可知，漂白效果受漂白时间的影响较小，只排在所选因素的第四位。所以，在综合考虑能耗与生产周期等问题后，将漂白的最佳时间定为 30min。

　　浴比：从理论上来讲，在漂白过程中，浴比越大，过氧化氢的绝对质量就会越大，漂白的效果就会越好。但从图 3-5 可知，当浴比为 25∶1 时，单板白度的变化值反而较浴比为 20∶1 时有所下降，这是由于如果试液中过氧化氢的量过高，其过强的氧化性就会引起单板组分的氧化，从而导致单板变色，降低漂白的效果。除此之外，由表 3-6 可知，单板的漂白效果受浴比的影响非常小，排在所选因素的最后。所以，为了降低药剂的用量，将最佳的浴比定为 10：1。

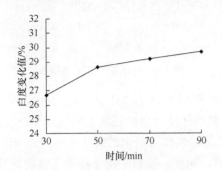

图 3-4　时间对白度变化值的影响

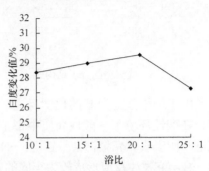

图 3-5　浴比对白度变化值的影响

2. 最佳漂白工艺参数的确定

通过单因素试验和正交试验，观测单板白度变化值。分析试验结果得出所选取的几个主要工艺参数对漂白效果的影响力。由于时间和浴比对白度变化影响不显著，但是磷酸钠还是有一定的影响，不该被忽视，同时考虑到能耗和生产成本等因素，最终确定的桦木单板漂白的最优化工艺参数为过氧化氢浓度 4%；温度 90℃；硅酸钠浓度 0.5%；磷酸钠浓度 0.7%；时间 30min；浴比 10：1。

3.2　壳聚糖预处理单板对酸性染料染色效果的提高

3.2.1　壳聚糖预处理单板的目的

壳聚糖是一种不溶于水的、无毒无害的、可再生的天然高分子材料。它是甲壳素 N-脱乙酰基产物，最近几年受到人们的广泛关注。使用壳聚糖对木材进行处理能够有效地提高阴离子染料对其的染色效果，使得染色后的木材着色均匀、天然纹理更加清晰、无色差，并能增加其颜色彩度、耐光性与上染率等，因此它非常适合用作印染增深助剂。其结构如图 3-6 所示。

由图 3-6 和图 3-7 可以看出木材纤维素的化学结构与壳聚糖基本组成单元的化学结构基本相同，它们之间的区别仅在于壳聚糖碳氧呋喃环 2 位上是氨基（—NH_2），而纤维素碳氧呋喃环 2 位上是羟基（—OH）。

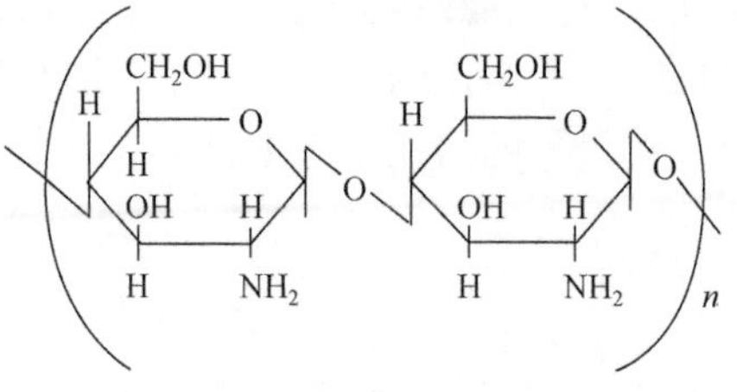

图 3-6　壳聚糖的分子结构式 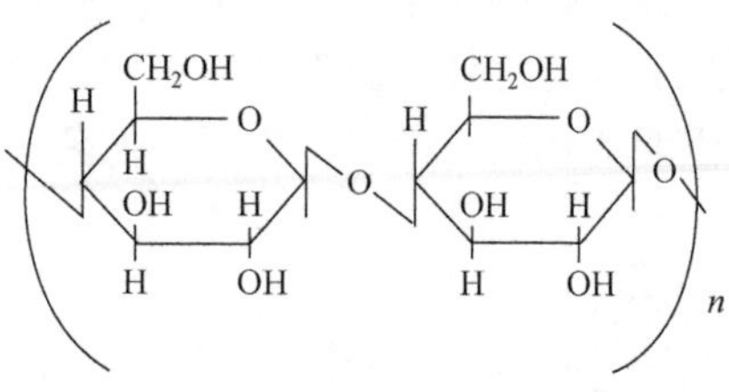　　　　　　图 3-7　纤维素的分子结构式

　　由于纤维素上羟基的化学反应活性比壳聚糖上氨基的化学反应活性要弱得多，在酸性环境下，酸性介质中带正电的氢离子(H$^+$)会被氨基上的氮原子(N)的孤电子所吸收，壳聚糖会带正电(—NH$_3^+$)。其与表面带负电的纤维素木纤维相遇后，会与它发生反应形成较为牢固的表面膜。同理，染料阴离子和带正电荷的壳聚糖之间也能发生反应，产生较强的作用力。在对被壳聚糖处理过的木材进行染色时，如果使用的是酸性染料，则染料中的磺酸基(—SO$_3$H)会与壳聚糖中带有正电荷的—NH$_3^+$发生化学反应，生成磺酸盐，这使得染料分子与木材组分之间像多了一道桥梁，酸性染料对单板的上染率会大幅度提高，且染色后木材的颜色会更加坚牢。壳聚糖还能对染色木材的均染性产生极大的改变，因为其在酸性条件下能够减少木材表面所带的负电荷，降低阴离子染料分子与木材表面分子间产生的库仑力，使木材表面与染料分子接触的概率得到极大的提升。除此之外，试验还表明如果对将要进行染色的木材用壳聚糖进行预处理，最后得到的木材的颜色耐光性会有很大的提高。

3.2.2　试验设计及方法

　　(1) 试件制作：按尺寸 100mm×50mm 裁制试件，并用砂纸清洁其表面。选取纹理均匀、无严重缺陷的试件进行编号，作为试验用材。

　　(2) 壳聚糖预处理：首先，配制壳聚糖预处理液，配比为：壳聚糖 2%、乙酸 1%、蒸馏水 97%。其次，在试样单板的表面刷上一层壳聚糖预处理液，控制单板表面壳聚糖预处理液的量约为 2.3g/m^2。最后，将涂刷好的单板置于室内通风处风干。

　　(3) 单板染色处理：取两组桦木单板，一组为经过壳聚糖预处理后的单板，另一组为未经过壳聚糖预处理的单板，按照第 4 章所确定的在使用酸性染料时对桦木单板进行染色的最佳工艺条件分别对两组桦木单板进行染色处理，然后比较两组染色单板的上染率与色差变化值。

3.2.3　试验结果和讨论

试验结果如表 3-7 所示，从表中可知，木材在经过壳聚糖预处理后，其染色后的色差变化与上染率均有很大的提高。这是因为，在用酸性染料对经壳聚糖预处理过的木材进行染色时，染料中的磺酸基(—SO$_3$H)会与壳聚糖中带有正电荷的—NH$_3^+$发生化学反应，生成磺酸盐，使得染料分子与木材组分之间像多了一道纽带，这能很好地提高染料的染色效果。通过对染色后两组单板的表面进行对比，还可以发现，经过壳聚糖预处理的单板染色后其表面颜色更均一、木纹更清晰且无色斑。

表 3-7　壳聚糖预处理试验中两组单板染色效果的评价

处理前后	上染率/%	染色前后色差值
未经过壳聚糖预处理	0.3841	76.704
经过壳聚糖预处理	0.5409	79.557

参 考 文 献

[1] 赖尹婷, 杨永吉, 赖明华, 等. 高性能复配型光稳定剂——应用于不同木材前处理(漂白)耐候保护影响研究[J]. 涂料技术与文摘, 2017, 38(11): 31-36.
[2] 常宇婷, 雷亚芳, 张丽丛. 软木材料漂白工艺的研究[J]. 林产工业, 2009, 36(6): 35-36, 39.
[3] 孙冬梅. 木材变色的类型及防治措施[J]. 现代化农业, 2018, (8): 32-33.
[4] 何啸宇, 张子谷, 王艳伟, 等. 我国木材漂白技术研究进展[J]. 中国人造板, 2020, 27(7): 1-5.
[5] 章雪竹. 家具用改性速生杨漂白与水性涂饰工艺研究[D]. 北京: 北京林业大学, 2015.
[6] 齐菁. 稳定剂对椴木单板漂白效果的影响研究[J]. 辽宁林业科技, 2019, (4): 39-40, 68.

第4章　木材染色工艺

如前所述，木材染色方法较多，本书篇幅有限，无法一一叙述，本章就目前比较流行的单板染色工艺进行研究，为后面的研究奠定基础。

4.1　桦木单板染色工艺研究

4.1.1　桦木单板活性染料染色工艺研究

1. 染料与助剂

染料：活性艳红 X-3B(reactive brilliant red X-3B)，为枣红色粉末，在 20℃时的溶解度为 80g/L，50℃时溶解度为 110g/L，相对分子质量为 615.330，在水中溶解后呈红色，其分子式为 $C_{19}H_{10}Cl_2N_6O_7S_2 \cdot 2Na$，紫外光谱分析其最大吸收波长为 520nm，能与木材组分发生亲核取代反应，结构式如图 4-1 所示。

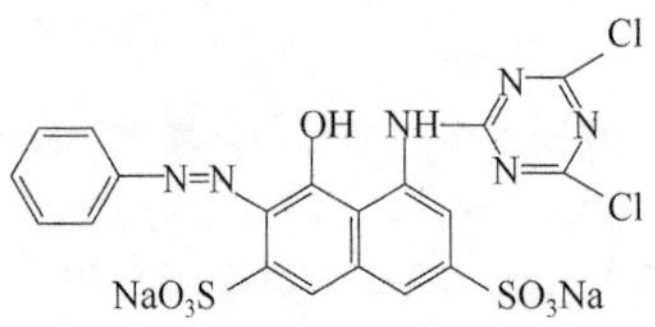

图 4-1　活性艳红 X-3B 的结构式

助染剂[1]：

(1) 渗透剂 JFC(脂肪醇聚氧乙烯醚)。渗透剂也称润湿剂，是一类表面活性剂。润湿是指固体表面的一种流体被另一种流体取代的过程。生活中的润湿大部分是固体表面的气体被液体所取代(也存在着一种液体被另一种液体所取代的情况)。最常见的取代气体的液体是水或水溶液。润湿剂的作用是增强水或水溶液替代固体表面空气的能力。木纤维是多孔性物质，有着巨大的表面积。溶液在对纤维进行润湿时，不仅要取代纤维表面，还要取代纤维空隙中的空气。从木材整体来说，它由无数纤维组成，纤维与纤维之间又构成无数的毛细管，在染液对木材进行润湿时，毛细管壁最先润湿，这使得毛细管内部的溶液可以上升到一定高度，而高出的液面会产生静压强，从而导致溶液向纤维的内部运动，我们将这种运动称为渗透。渗透很难达到平衡，考虑润湿性能时，润湿速度是衡量渗透的重要指标。将那些对渗透具有促进作用的物质称为渗透剂。常用于木材染色的渗透剂多属于非离子型表面活性剂。

(2) 均染剂、促染剂食盐(NaCl)。木材在染色过程中容易出现染色不均的现象，除了因为木材具有各向异性，其不同方向上对染液的吸收量与吸附速度存在较大的差异之外，染料的移染性较差、染色时染料的性能存在差异、染料的初染率较高、染料的染色活化能较高(在达到染色温度时染料的活性被激活，染料的上染率会突然升高)等诸多因素也会对其产生影响。为了有效、快捷、方便地解决这些问题，通常会在染液中加入均染剂，特别是当使用浸渍法对木材进行染色时，这种方法的效果就更为突出。一般均染剂的主要作用有两种，一是降低染料的上染速率，延长染料上染到木材上的时间；二是提高染料的移染能力。常见的均染剂一般是非离子型表面活性剂及无机盐类，如烷基酚聚氧乙烯醚、元明粉或NaCl 等。

(3) 固色剂纯碱(Na_2CO_3)。所谓的固色剂是指在染色后能提高制品染色牢度的物质，以及在染色前能提高给色量同时又可提高染色牢度的物质。活性染料在理论上与木纤维形成的共价键是相当坚牢的，似乎不存在染色牢度问题。但在生产中，我们还是需要使用固色剂来对染物进行固色，一方面是因为染物上的共价键也可能会发生水解，产生断键现象；另一方面染物上可能残有染料的未反应物和水解物，容易发生掉色现象。活性染料用的固色剂的分类与基本性能和直接染料用的固色剂相同。其中反应性交联型固色剂是非常适合活性染料的固色剂，因为活性染料中的活性基团能与其发生反应生成大分子聚合物，从而达到固色的目的[2]。

2. 单因素试验[3]

选取适当的因素水平，对可能影响桦木单板活性染料染色的工艺参数，如染料浓度、温度、染色时间、助剂浓度、固色时间、浴比等逐一进行单因素染色试验，从而研究用活性染料对桦木单板进行染色时染色效果受各工艺参数的影响，为最优染色工艺的确定做准备。

(1) 试件制作：按尺寸 100mm×50mm 裁制试件，并用砂纸清洁其表面。选取纹理均匀、无严重缺陷的试件进行编号，作为试验用材。

(2) 染液配制：如表 4-1 所示。

表 4-1 单因素试验活性染液配制表

编号	药剂				
	活性艳红 X-3B 浓度/%	渗透剂 JFC 浓度/%	纯碱(Na_2CO_3)浓度/%	NaCl 浓度/%	蒸馏水用量/mL
1	0.5	0	1.0	0	240
2	1.0	0.05	1.5	0.5	300
3	1.5	0.10	2.0	1.0	360
4	2.0	0.15	2.5	1.5	420
5	2.5	0.20	3.0	2.0	480

　　(3) 单板单因素染色：测量用于染色试验的单板的色度学指标，并记录数据。然后根据前期摸索性试验的经验，选取染料浓度 1.0%、渗透剂浓度 0.10%、纯碱浓度 2.0%、NaCl 浓度 1.5%、温度 75℃、染色时间 60min、固色时间 30min、浴比 10:1 作为单因素试验的基础条件[4,5]，针对每一个可能影响染色效果的工艺参数设计了一个单因素-五水平共 40 组试验的试验方案，每个水平试验染色 10 张单板(做每组单因素试验时，除研究的工艺参数选取 5 个水平外，其余参数均使用基础条件)。具体试验安排如表 4-2 所示。

表 4-2　　桦木单板单因素活性染料染色试验

| 水平 | 因素 | | | | | | | |
	活性艳红 X-3B 浓度 /%	渗透剂 JFC 浓度/%	纯碱 (Na$_2$CO$_3$) 浓度/%	NaCl 浓度 /%	温度/℃	染色时间 /min	固色时间 /min	浴比
1	0.5	0	1.0	0	70	30	10	8:1
2	1.0	0.05	1.5	0.5	75	60	20	10:1
3	1.5	0.10	2.0	1.0	80	90	30	12:1
4	2.0	0.15	2.5	1.5	85	120	40	14:1
5	2.5	0.20	3.0	2.0	90	150	50	16:1

　　将染料、渗透剂 JFC、一半剂量的 NaCl 和蒸馏水均匀混合成染液，倒入用于染色处理的大烧杯中。用滴管从配制好的染液中取 5mL 于另一烧杯中，加入蒸馏水稀释至 800mL，然后从中取 50mL 作为存样用于测定上染率。以 10 张单板为一组，按组编号分批次将试样装入不锈钢试样笼，确保试样之间留有空隙；然后将试样笼浸入盛有染液的大烧杯中；将烧杯放入恒温水浴锅中加热，室温入染；加热过程中，不断搅拌染液，使其充分流动；当达到染色温度后开始计时，在还有 10min 达到染色时间时，加入另一半 NaCl；当达到染色时间时，加入纯碱进行恒温固色处理；当达到固色时间后，关闭水浴锅，取出烧杯。将染色单板取出，用蒸馏水反复清洗至清洗液无色为止，进行晾干保存；把染色剩余染液与清洗液混合并定容至染色前染液体积，用滴管从中取 5mL 于另一个烧杯中，加入蒸馏水稀释至 800mL，然后从中取 50mL 作为存样用于测定上染率[6,7]。

　　(4) 染透率测定：染色后，单板横切面上染料染色部分所占的厚度与单板厚度的比例被称为单板染透率，公式为

$$V = L^*/L \tag{4-1}$$

式中，V 为染透率。

　　测定方法是，将一组中每张单板横向切成 4 片，用放大镜观察三个横断面，

再用直尺测量放大后染色部分的厚度和单板厚度，计算其染透率，并求三个染透率的平均值，以此来代表该单板的染透率，然后再计算出每组单板的平均染透率[8]。

(5) 上染率：作为评价木材染色效果的一项重要指标，上染率指的是染色过程中，上染到木材上的染料量与染色处理中所使用的染料总量之比，常以百分数表示。一般来说，上染率越高越好。但是，实际中无法直接通过测量染料质量的变化来求其上染率，因此人们转变思路，想到了利用吸光度变化量来间接求解上染率，即先借助紫外光度分析工具测得染色前后 50mL 染液稀释液存样和 50mL 混合液稀释液存样的吸光度，然后通过计算染色处理前后染液的吸光度变化量与染色处理前染液的吸光度的比值来间接求出上染率，计算公式为

$$(DD) : DD = (A_0 - A_1)/A_0 \times 100\% \tag{4-2}$$

其中，$(DD) : DD$ 为上染率(%)；A_0 为染色处理前染液的吸光度；A_1 为染色处理后染液的吸光度[9]。

(6) 色差 ΔE 的测定：本节中色差 ΔE 的测定主要通过全自动分光光度计来完成。具体测量步骤如下：首先利用全自动分光光度计测量每张单板固定三点染色前后的三刺激值，然后计算三个对应点三刺激值的算术平方根，然后取三点色差平均值作为染色单板色差值，最后求出每组染色单板色差的平均值[10]。以颜色空间 $L^*a^*b^*$ 为例，计算公式为

$$\Delta E_{ab}^* = \sqrt{(\Delta L^*)^2 + (\Delta a^*)^2 + (\Delta b^*)^2} \tag{4-3}$$

3. 结果与讨论

单因素试验的目的是为下一步的正交试验奠定基础，就此，对单因素试验的结果进行分析得出：

(1) 经过测量发现，所有条件下活性染料染色单板的染透率均达到了100%，这是因为本节采用的试验材料为 0.6mm 的桦木单板。一方面桦木渗透性优异；另一方面，厚度薄，容易染透。因此，本节中可以将染透率排除出染色效果评价。

(2) 所采用的所有工艺参数对桦木单板活性染料染色的上染率变化均有影响，并有一定的规律，但其影响大小和规律变化有所不同。从图 4-2 可以看出，随着染料浓度的增加，桦木单板的染色上染率却不断降低。产生这一现象的原因是：染料浓度增加到一定量以后，木材表面纤维对染料分子的吸附能力达到饱和状态，此时即便继续增加染料浓度，单板上染量也不会大幅增加，也就是说上染量的增加幅度要远远小于投入染液中染料量的增大，导致上染率反而大幅降低。所以染料浓度在 0.5%时其上染率最佳，但是浓度为 1%时其上染率下降不大。从

图 4-3 可以看出，不添加渗透剂时其上染率最低，说明渗透剂对活性染料染色的上染率有影响；之后，逐渐增加渗透剂的浓度，增加到 0.1%为止，木板染色上染率随浓度的增加而升高；继续增加渗透剂浓度，木板染色上染率随浓度的增加反而逐渐降低，即上染率在浓度为 0.1%处达到最大值。上述实验现象产生的原因是：渗透剂本身具有提升木材渗透性的功能，适度的渗透剂对活性染料染色的上染有促进作用，但过量的渗透剂却会对染料分子与单板表面纤维的结合产生抑制作用，进而导致其上染率有所下降。所以，渗透剂浓度在 0.1%时其上染率最佳。

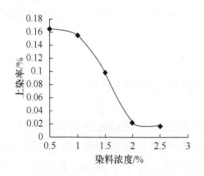 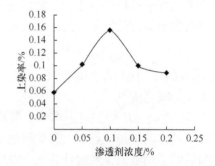

图 4-2　不同染料浓度下上染率的变化　　图 4-3　不同渗透剂浓度下上染率的变化

从图 4-4 可以看出，随着纯碱浓度的逐渐增加，单板上染率也随之升高并在2%浓度处产生峰值，随后继续增加纯碱浓度，单板上染率逐渐降低。这是因为，纯碱在活性染料染色中起提供碱性介质，使染料可以与木材组分发生反应的作用；适当浓度的纯碱可以大大提高其上染率，但如果浓度过高，染料会与水发生过度水解反应而断链，降低其上染率。所以纯碱浓度为 2%时其上染率最佳。

从图 4-5 可以看出，随着 NaCl 浓度的上升，其上染率开始时变化不大，但在浓度为 1.5%处，上染率突然升高，并达到峰值，之后随着浓度增加，上染率又有所下降。产生这种现象的主要原因是：未加入 NaCl 前，染液中木材纤维与活性染料分子均带负电荷，互相排斥不易结合；加入 NaCl 后，钠离子可以遮蔽纤维表面的负电荷，促进染料分子与纤维表面接触，提高上染率。然而 NaCl 浓度并不是越高越好，浓度过高会导致染料在染液中产生沉淀或聚集现象，并且过量的氯离子会抑制纤维与染料分子发生亲和取代反应，最终导致上染率下降。由图 4-5 可知，NaCl 浓度过低，对单板上染率促进作用不明显，过高会产生抑制作用，降低上染率。综上所述，当 NaCl 浓度为 1.5%时其上染率最佳。

从图 4-6 可以看出，在 70～75℃，单板上染率随着温度的上升而升高，在75℃时产生峰值，75℃以后，上染率逐渐下降至趋于稳定。产生上述变化的主要原因是：升高温度可以为染料分子挣脱库仑力提供能量，为染料分子与木材发生

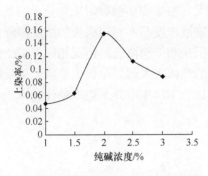

图 4-4　不同纯碱浓度下上染率的变化　　　图 4-5　不同 NaCl 浓度下上染率的变化

碰撞形成分子间范德瓦耳斯力提供更多的机会，并且温度的升高在降低染料聚集程度的同时可以有效地促进染料分子的扩散，但并不是温度越高越好，温度过高会使得木材表面纤维对染料分子的吸附力增加，吸附力过大会对染液的渗透产生抑制作用，最终导致上染率下降。因此，应该适当地提高温度，温度为 75℃时单板上染率最佳。从图 4-7 可以看出，随着染色时间的延长，其上染率上升，但在 60min 处出现峰值，之后反而下降并趋于稳定。这是因为，时间越长，染料分子与木纤维接触吸附的概率越大，能够渗透到木材内的染料也越多，但是随着染色时间的延续，染液变稀，由于吸附和解吸是可逆过程，变稀的染液使原来吸附在单板上的染料发生解吸，导致上染率下降。所以染色时间为 60min 时其上染率最佳。

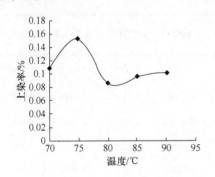

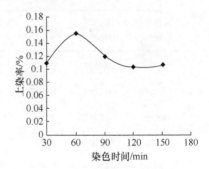

图 4-6　不同温度下上染率的变化　　　　　图 4-7　不同染色时间下上染率的变化

从图 4-8 可以看出，随着固色时间的延长，其上染率上升，但在 30min 处出现峰值，之后反而下降。这是因为，固色时间越长，染料分子与木材组分反应得越充分，上染率越高，但时间过长会导致染料分子水解断链的出现，从而降低上染率。所以固色时间为 30min 时其上染率最佳。从图 4-9 可以看出，随着浴比的增大，上染率有所上升，但浴比为 10∶1 处出现峰值，之后逐渐下降。这是因为，随着浴比增大，染液对被染物的压强变大，被染物接触吸附染料分子的概率增大，同时染液浓度的降低速率变小，使得染液浓度与木材内染液的浓度差降低速率也变小，从而保持了较强的扩散作用；但是和染料浓度的情况相同，浴比的增大，大幅提高了染色中的染料量，染料量的增幅大大超过单板上染料上染量的提高，因此上染率反而会大幅下降。所以浴比为 10∶1 时其上染率最佳。

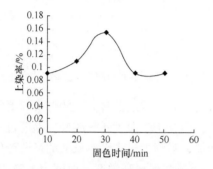 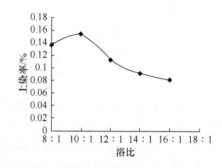

图 4-8　不同固色时间下上染率的变化　　　　图 4-9　不同浴比下上染率的变化

综合上述分析，观察各图中曲线的变化趋势，并根据表 4-3 中上染率极差大小看出各因素中染料浓度、纯碱浓度、渗透剂浓度和 NaCl 浓度对上染率的影响排在前四位。

表 4-3　各因素各水平下各组染色单板的上染率(%)

水平	因素							
	活性艳红 X-3B 浓度	渗透剂 JFC 浓度	纯碱浓度	NaCl 浓度	温度	染色时间	固色时间	浴比
1	0.1649	0.0587	0.0476	0.0795	0.1087	0.1082	0.0912	0.1346
2	0.1540	0.1017	0.0642	0.0824	0.1540	0.1540	0.1091	0.1540
3	0.0993	0.1540	0.1540	0.0813	0.0861	0.1195	0.1540	0.1132
4	0.0235	0.1005	0.1117	0.1540	0.0956	0.1035	0.0910	0.0908
5	0.0175	0.0894	0.0894	0.0989	0.1013	0.1067	0.0916	0.0809
极差	0.1474	0.0953	0.1064	0.0745	0.0679	0.0505	0.0630	0.0731

(3) 一般来说，色差变化越大，即染色前后单板色差越大，可表明其染色效果越好[11]。所采用的所有工艺参数对桦木单板活性染料染色的色差变化均有影响，并有一定的规律，但其影响大小和规律变化有所不同。从图 4-10 可以看出，随着染料浓度的增加，单板的色差变化逐渐增大，在浓度为 1%时出现拐

点，之后趋于平稳，变化不大。所以，虽然在浓度为 2.5%时，其色差变化最大，但考虑到染料消耗，染料浓度为 1%才是最佳条件。从图 4-11 可以看出，随着渗透剂浓度增加，其单板的色差变化略有增大后又略有减小，总体变化不大，可认为其影响很小，其中浓度为 0.1%时达到峰值。这是因为，渗透剂主要提升的是染料对木材的渗透性；但是色差的评定，主要是单板表面的色差变化，渗透剂对这方面影响不大。

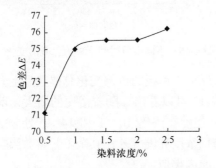
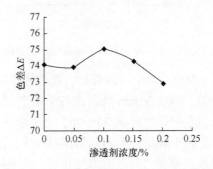

图 4-10　不同染料浓度下单板色差的变化　　图 4-11　不同渗透剂浓度下单板色差的变化

　　从图 4-12 可以看出，随着纯碱浓度的增加，单板的色差变化逐渐增大，在浓度为 2%处出现峰值，之后逐渐下降。从图 4-13 可以看出，随着 NaCl 浓度的增加，单板的色差变化逐渐变大，在浓度为 1.5%处出现峰值，之后有所减小。

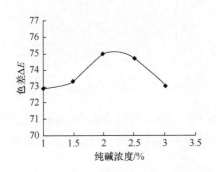
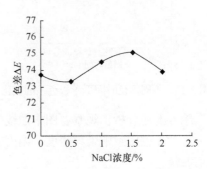

图 4-12　不同纯碱浓度下单板色差的变化　　图 4-13　不同 NaCl 浓度下单板色差的变化

　　从图 4-14 可以看出，随着染色温度的升高，单板的色差变化在 70~80℃处很小，基本平稳，在 80℃处出现拐点，之后大幅度减小。产生上述现象的原因是：温度过高增加了单板表面吸附的染料分子产生水解断链的概率，还会使得单板表面染料分子向单板内部移动，从而减小了单板表面染料分子的数量。从图 4-15 可以看出，随着染色时间的延长，单板的色差变化逐渐增大，在 60min处出现峰值，之后有所减小，90min 后逐渐趋于平稳，变化不大。

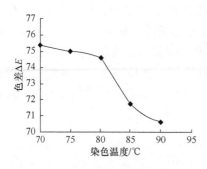

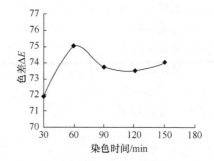

图 4-14　不同染色温度下单板色差的变化　　　图 4-15　不同染色时间下单板色差的变化

从图 4-16 可以看出，随着固色时间的延长，单板的色差变化总体上呈上升趋势，但在 30min 处出现一个拐点。从图 4-17 可以看出，随着浴比的增大，单板色差变化稳定在 73~76，上下浮动不大，虽然在浴比 10∶1 和 14∶1 处分别产生两个峰值，但两峰值相差不大。除渗透剂浓度和温度外，其余工艺参数影响单板色差变化的原因均与其对上染率的影响原因类似。

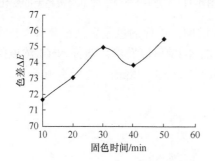

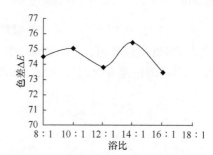

图 4-16　不同固色时间下单板色差的变化　　　图 4-17　不同浴比下单板色差的变化

综合上述分析，观察各图中曲线的变化趋势，并根据表 4-4 中色差变化的极差大小看出各因素中染料浓度、温度、固色时间和染色时间对色差变化的影响排在前四位。

表 4-4　各因素各水平下各组染色单板的色差变化

水平	因素							
	活性艳红 X-3B 浓度	渗透剂 JFC 浓度	纯碱浓度	NaCl 浓度	温度	染色时间	固色时间	浴比
1	71.174	74.063	72.949	73.801	75.309	71.959	71.71	74.507
2	74.98	73.884	73.266	73.246	74.98	74.98	73.051	74.98
3	75.466	74.98	74.98	74.487	74.567	73.674	74.98	73.802

续表

水平	因素								
	活性艳红 X-3B 浓度	渗透剂 JFC 浓度	纯碱浓度	NaCl 浓度	温度	染色时间	固色时间	浴比	
4	75.469	74.256	74.682	74.98	71.79	73.462	73.847	75.409
5	76.207	72.874	73.051	73.849	70.623	74.019	75.47	73.49
极差	5.033	2.106	2.031	1.734	4.686	3.021	3.76	1.919

综合各工艺参数对活性染料染色效果的影响(包括染透率、上染率和色差，其中色差是本节中染色效果主要的评价指标)，并考虑到能耗和生产成本，再根据文献资料中各因素对色差和上染率影响作用的大小，最终选定温度、纯碱浓度、染料浓度以及 NaCl 浓度四个工艺参数，作为后续进行正交试验的四个因素，并选取拐点或峰值处的条件(曲线平缓的，取能耗少、生产成本低的条件)：染料浓度为 1%、温度为 75℃、纯碱浓度为 2%、NaCl 浓度为 1.5%作为编写正交试验的基础(在该条件数值的左右再各等阶地选取两个条件来编写三水平-四因素的正交试验)。此外，其余条件选取如下：

渗透剂 JFC 浓度：0.1%；

染色时间：60min；

固色时间：30min；

浴比：10∶1。

4.1.2　桦木单板酸性染料染色工艺研究

1. 染料与助剂

染料：酸性大红 GR(Acid Scarlet GR，简称 AS GR，又称 AS105、酸性红G)，其性状为红色粉末，可溶于水、乙醇。紫外光谱分析其最大吸收波长为 510nm，结构式如图 4-18 所示。

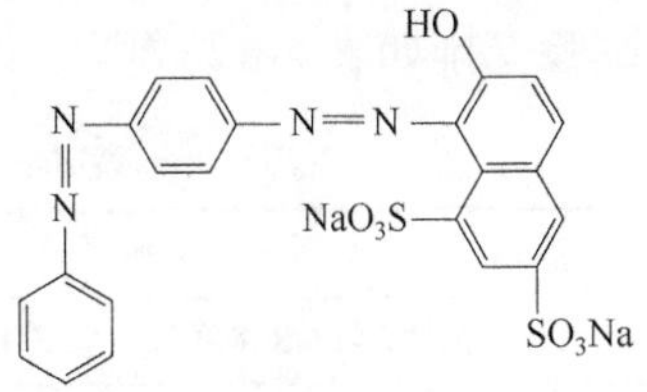

助染剂：

(1) 渗透剂 JFC；

(2) 均染剂、促染剂食盐(NaCl)；

(3) pH 调节剂乙酸(36%)：

图 4-18　酸性大红 GR 的结构式

染料的结构一般较为复杂，在水中溶解后其水溶液的 pH 也不尽相同。只有在合适的 pH 下，被染物的染色效果才能较好。在后续阶段，染色产品所用到的一些性能也会受到染料 pH 的影响。常用的 pH

调节剂有氯化铵、硫酸铵、乙酸等。

2. 单因素试验

选取适当的因素水平，对可能影响桦木单板酸性染料染色的工艺参数，如染料浓度、温度、染色时间、助剂浓度、浴比等逐一进行单因素染色试验，从而研究用酸性染料对桦木单板进行染色时染色效果受各工艺参数的影响，为最优染色工艺的确定做准备。

(1) 试件制作：按尺寸 100mm×50mm 裁制试件，并用砂纸清洁其表面。选取纹理均匀、无严重缺陷的试件进行编号，作为试验用材。

(2) 染液配制：如表 4-5 所示。

表 4-5　单因素试验酸性染液配制表

编号	药剂				
	酸性大红 GR 浓度/%	渗透剂 JFC 浓度/%	乙酸浓度/%	NaCl 浓度/%	蒸馏水用量/mL
1	0.2	0	0	0	240
2	0.5	0.05	1	0.5	300
3	0.8	0.10	2	1.0	360
4	1.1	0.15	3	1.5	420
5	1.4	0.20	4	2.0	480

(3) 单板单因素染色：测量用于染色试验的单板的色度学指标，并记录数据。然后根据前期摸索性试验的经验，选取染料浓度 0.5%、渗透剂浓度 0.1%、乙酸浓度 2%、NaCl 浓度 1.5%、温度 70℃、染色时间 90min、浴比 10：1 作为单因素试验基础条件，针对每一个可能影响染色效果的工艺参数设计了一个单因素-五水平共 35 组试验的试验方案，每个水平试验染色 10 张单板(做每组单因素试验时，除研究的工艺参数选取 5 个水平外，其余参数均使用基础条件)。具体试验安排如表 4-6 所示。

表 4-6　桦木单板单因素酸性染料染色试验

水平	因素						
	酸性大红 GR 浓度/%	渗透剂 JFC 浓度/%	乙酸浓度/%	NaCl 浓度/%	温度/℃	时间/min	浴比
1	0.2	0	0	0	60	60	8：1
2	0.5	0.05	1	0.5	65	90	10：1
3	0.8	0.10	2	1.0	70	120	12：1
4	1.1	0.15	3	1.5	75	150	14：1
5	1.4	0.20	4	2.0	80	180	16：1

将染料、渗透剂 JFC、NaCl、乙酸和蒸馏水均匀混合成染液，倒入用于染色处理的大烧杯中。取出 5mL 染液置于烧杯中，加入蒸馏水，使其稀释至 800mL，再取 50mL 保存，用于测定上染率。以 10 张单板为一组，按组编号分批次将试样装入不锈钢试样笼，确保试样之间留有空隙；然后将试样笼浸入盛有染液的大烧杯中；将烧杯放入恒温水浴锅中加热，室温入染；加热过程中，不断搅拌染液，使其充分流动；当达到染色温度后开始计时，当达到染色时间时，关闭水浴锅，取出烧杯。将染色单板取出用蒸馏水反复清洗至清洗液无色为止，然后晾干保存；将剩余染液与清洗液进行混合，并定容至染液染色前的体积，取出 5mL 溶液置于烧杯中，用蒸馏水将其稀释到 800mL，再取出 50mL，用于测定上染率[12-14]。

(4) 染色效果的评价：染色结束后，分别测量染色单板的染透率、上染率和色差 ΔE 的值，记录数据，作为评价染色效果的主要指标[15]。

3. 结果与讨论

单因素试验可以为下一步进行的正交试验选取试验因素，并确定其他影响较小的工艺参数。对单因素试验的结果进行分析得出：

(1) 与活性染料染色试验的结果相同，所有条件下酸性染料染色的单板染透率都达到了 100%。因此，将染透率排除出本节的染色效果评价。

(2) 所采用的所有工艺参数对桦木单板酸性染料染色的上染率变化均有影响，并呈现出一定的规律。从图 4-19 可以看出，随着染料浓度的增加，单板的染色上染率大幅下降，在浓度为 0.5%处有一个小小的拐点。从图 4-20 可以看出，随着渗透剂浓度的增加，上染率有所升高，并在浓度为 0.1%处出现峰值，之后又有所下降，但整体变化并不大。所以渗透剂浓度为 0.1%时其上染率最佳。

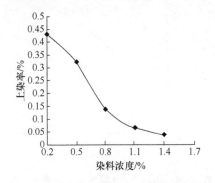

图 4-19　不同染料浓度下上染率的变化

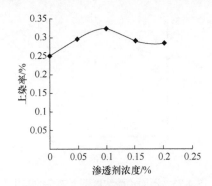

图 4-20　不同渗透剂浓度下上染率的变化

从图 4-21 可以看出，随着温度的升高，上染率开始时变化不大，基本平稳，但在 65℃后逐渐升高，在 70℃处出现峰值，之后下降趋势明显。所以温度为 70℃时其上染率最佳。从图 4-22 可以看出，随着浴比的增大，其上染率开始时略有升高，在 10∶1 处出现一个小峰值，但之后就大幅下降，总体呈下降趋势。所以浴比为 10∶1 时其上染率最佳。以上因素对上染率的影响和上染率变化的情况，其原因与活性染料试验基本相同。

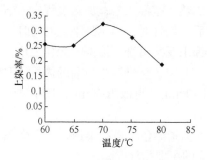

图 4-21　不同温度下上染率的变化　　　　图 4-22　不同浴比下上染率的变化

从图 4-23 可以看出，上染率随着乙酸浓度的增加而不断上升，当乙酸浓度为 2%时，上染率达到峰值，之后有所下降，并趋于平稳。乙酸在酸性染料染色中起到 pH 调节剂的作用，提供酸性介质，从而实现酸性染料的上染，但它又起到一定的 NaCl 的作用，如果浓度过大，反而会阻碍染料的上染，降低上染率。因此，为了使上染率最佳，乙酸的浓度应为 2%。从图 4-24 可知，当 NaCl 的浓度小于 1.5%时，上染率随着 NaCl 浓度的增加而逐渐上升，当 NaCl 的浓度为 1.5%时，上染率达到峰值，此后若 NaCl 的浓度继续增加，上染率则会略有下降。由于酸性染料是阴离子染料，尽管对酸性染料染色而言，NaCl 对其的作用机理与活性染料染色大体相同，但 NaCl 对酸性染料的遮蔽、促染、均染效果更佳。NaCl 浓度为 1.5%时其上染率最佳。

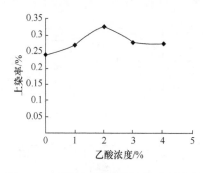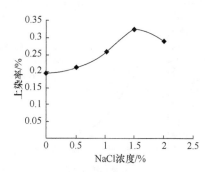

图 4-23　不同乙酸浓度下上染率的变化　　　图 4-24　不同 NaCl 浓度下上染率的变化

从图 4-25 可以看出，随着时间的延长，上染率总体变化不大，比较平稳，但在 90min 处出现一个小峰值。由于酸性染料染色中并不存在染料水解断链的问题，染色时间的影响较活性染料染色小。时间为 90min 时其上染率最佳。

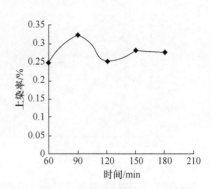

图 4-25 不同时间下上染率的变化

综合上述分析，观察各图中曲线的变化趋势，并根据表 4-7 中上染率极差大小可以看出，各因素中染料浓度、浴比、温度、NaCl 浓度对上染率的影响排在前四位。浴比和染料浓度对上染率都呈负影响，从有关文献中可知浴比在木材染色中的作用不大，但是作为染色试验，染料浓度毕竟是各因素中的基础。因此，通过对上染率的变化分析后，将浴比剔除，而初步选取染料浓度、温度、NaCl 浓度和乙酸浓度作为下一步正交试验的四个因素。

表 4-7 各因素各水平下各组染色单板的上染率(%)

水平	因素						
	酸性大红 GR 浓度	渗透剂 JFC 浓度	乙酸浓度	NaCl 浓度	温度	时间	浴比
1	0.4352	0.2510	0.2364	0.1939	0.2567	0.2497	0.2608
2	0.3235	0.2965	0.2690	0.2087	0.2531	0.3235	0.3235
3	0.1362	0.3235	0.3235	0.2535	0.3235	0.2513	0.1967
4	0.0679	0.2900	0.2745	0.3235	0.2761	0.2811	0.1617
5	0.0375	0.2839	0.2728	0.2903	0.1885	0.2719	0.1433
极差	0.3977	0.0726	0.0872	0.1296	0.135	0.0738	0.1802

(3) 对于色差变化的分析，从图 4-26 可知，在初始阶段，色差变化随着染料浓度的增加而不断增大，当染料浓度为 0.5%时，色差变化达到峰值，此后若染料浓度继续增大，色差变化反而会有所减小。所以染料浓度为 0.5%时其色差变化最大。从图 4-27 可以看出，随着渗透剂浓度的变化，色差变化很小，基本平稳，渗透剂浓度为 0.1%时，其色差变化最大。

从图 4-28 可以看出，随着乙酸浓度的增加，色差变化逐渐增大，在浓度为 2%处出现峰值，之后又逐渐减小。所以乙酸浓度为 2%时其色差变化最大。从图 4-29 可以看出，随着 NaCl 浓度的增加，色差变化逐渐大幅度增大，在浓度为 1.5%处有一个峰值，之后有所减小。所以 NaCl 浓度为 1.5%时其色差变化最大。

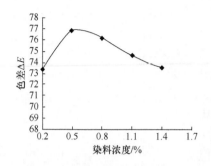

图 4-26　不同染料浓度下单板色差的变化

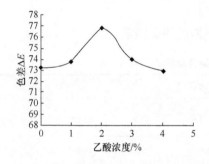

图 4-28　不同乙酸浓度下单板色差的变化

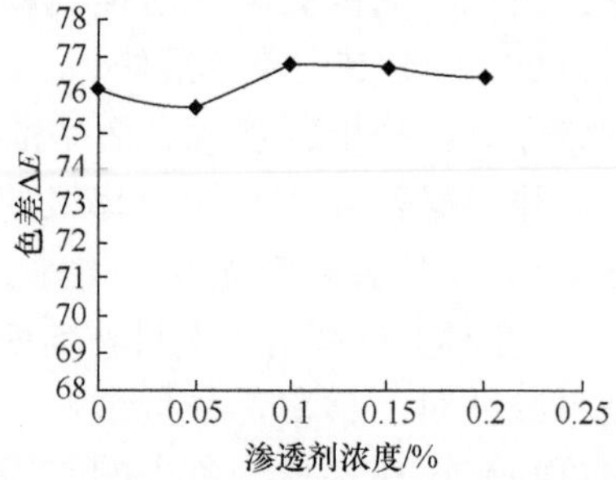

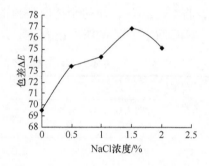

图 4-27　不同渗透剂浓度下单板色差的变化

图 4-29　不同 NaCl 浓度下单板色差的变化

从图 4-30 可以看出，随着温度的上升，色差变化有所增大，在 65℃处出现峰值，之后逐渐减小，但 70℃时其色差变化与峰值之间差别很小。从图 4-31 可以看出，随着时间的延长，色差的变化很小，基本平稳，时间为 90min 时，色差变化最大。

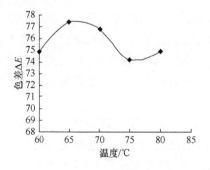

图 4-30　不同温度下单板色差的变化

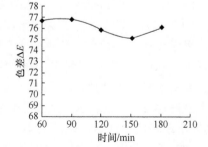

图 4-31　不同时间下单板色差的变化

从图 4-32 可以看出，随着浴比的增大，开始时色差变化有稍许增大，但之后又逐渐略微减小，总体上变化不大。可以说，酸性染料染色试验中，各因素对色差变化的影响原因和其对上染率的影响原因，与活性染料染色中其作用的原因大致相同，区别不大。

综合上述分析和对图中曲线变化趋势的观察，根据表 4-8 中色差变化的极差大小可以得出，各因素中 NaCl 浓度、乙酸浓度、染料浓度和温度对色差变化的影响力排在前四位。

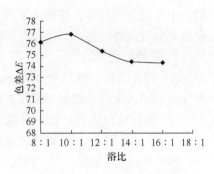

图 4-32　不同浴比下单板色差的变化

表 4-8　各因素各水平下各组染色单板的色差变化

水平	因素						
	酸性大红 GR 浓度	渗透剂 JFC 浓度	乙酸浓度	NaCl 浓度	温度	时间	浴比
1	73.389	74.063	73.183	69.499	74.843	76.691	76.131
2	76.771	73.884	73.728	73.349	77.391	76.771	76.771
3	76.123	74.98	76.771	74.288	76.771	75.901	75.295
4	74.555	74.256	74.003	76.771	74.213	75.15	74.378
5	73.475	72.874	72.927	75.06	74.919	76.091	74.259
极差	3.382	2.106	3.844	7.272	3.178	1.621	2.512

综合考虑上述分析结果和能耗、生产成本等因素后，最终选取了染料浓度、乙酸浓度、NaCl 浓度和温度作为下一步正交试验的四个影响因素。并选取染料浓度 0.5%、乙酸浓度 2%、NaCl 浓度 1.5%、温度 70℃作为正交试验的基础条件。除此之外的其余参数选取如下：

渗透剂 JFC 浓度：0.1%；

时间：90min；

浴比：10∶1。

4.1.3　酸性染料和活性染料染色的桦木单板之间的比较

1. 对木材上染机理的比较

酸性染料对木材的上染，主要是由于库仑力、范德瓦耳斯力等物理作用而实现的。与酸性染料不同，使用活性染料对木材染色利用的主要是化学反应中共价键结合所生成的结合力，这种结合力要远远强于酸性染料中的力。结合方式的不同、上染机理的迥异，便造成了两者对木材上染性能的差异。通过对两者上染后单板的电镜观察，便可得出以上结论。

1) 试验方法

(1) 试件制作：按尺寸 100mm×50mm 裁制试件，并用砂纸清洁其表面。选取纹理均匀、无严重缺陷的试件进行编号，作为试验用材。

(2) 单板染色处理：首先，取 20 张桦木单板，分为两组，每组 10 张。其次，在 4.1.1 节和 4.1.2 节确定的最佳工艺条件下分别使用酸性染料和活性染料对两组桦木单板进行染色处理，测量并记录两组桦木单板的上染率以及色差 ΔE 值。

(3) 电镜观察：试验选用的桦木单板厚度仅为 0.6mm，采用扫描电子显微镜无法捕捉其剖面信息。为了便于观察，需要增加待测单板的厚度，具体操作步骤如下：首先，任意选取一张染色单板，按照 30mm×8mm 的规格将单板裁截成 10 张试片；然后用胶水沿纹理依次将 10 张试片黏接，得到厚度约为 6mm 的方状板，利用这种方法获得的方状板就能利用电子显微镜来捕捉其剖面信息了。扫描电子显微镜采集到的剖面照片应当备份保存，方便后续的研究与分析。

2) 试验结果与讨论

表 4-9 为最佳工艺条件下两组桦木单板的上染率和色差值，通过数据对比可知，酸性染料染色单板的上染率以及染色前后色差均高于活性染料染色单板，染色效果更佳。产生上述结果的原因是：相比于活性染料，酸性染料的分子较小，更容易渗透进木材中，所以促染剂对酸性染料上染率的提升更大一些，色差变化更明显。也正是由于上述原因，酸性染料仍然广泛地应用于木材染色领域。

表 4-9　最佳工艺条件下的两组染色单板染色效果评价

	上染率/%	染色前后色差
酸性染料染色单板	0.3841	76.704
活性染料染色单板	0.3068	72.526

虽然通过前面分析得出酸性染料染色单板的上染率以及色差变化量比活性染料要高，但上染率和色差变化量仅仅评价了单板染色后的颜色质量，无法评价染色单板的后续使用性能。活性染料的优势恰恰体现在染色单板的后续使用性能上，图 4-33 和图 4-34 分别为酸性染料和活性染料染色单板的电镜观察图。

观察图 4-33 可以发现，酸性染料主要堆积在木材纹孔中，木材的纤维细胞壁及纹孔、木材导管壁以及导管穿孔板上却几乎没有。上述现象说明木材与酸性染料的结合是一个物理过程，酸性染料渗透进入木材中并于导管壁纹孔处堆积上染，使得木材着色。但这种着色不稳固，容易导致染色后颜色分布不均匀，并且染料分子也很难渗透到纤维细胞中。观察图 4-34 可知，活性染料在导管壁纹孔、

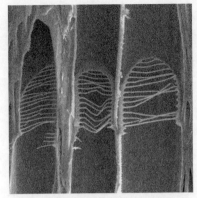
(a) 导管壁及导管穿孔板(Mag: 300×)

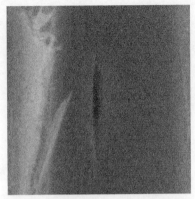
(b) 纤维细胞壁及纹孔(Mag: 5000×)

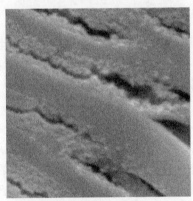
(c) 导管壁纹孔(Mag: 10000×)

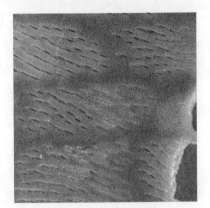
(d) 导管纹孔(Mag: 1500×)

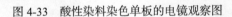
图 4-33　酸性染料染色单板的电镜观察图

(a) 纤维细胞壁(Mag: 2500×)

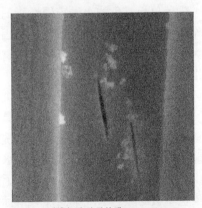
(b) 纤维细胞壁及纹孔(Mag: 5000×)

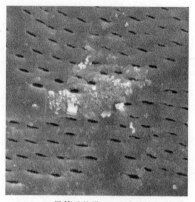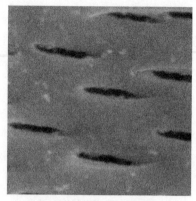

(c) 导管壁纹孔(Mag: 2500×)　　　　　　　　　(d) 导管壁纹孔(Mag: 10000×)

图 4-34　活性染料染色单板的电镜观察图

纤维细胞壁及纹孔均大量存在。上述现象说明木材组分与活性染料的结合产生了化学反应,着色的稳固性远比酸性染料要高,并且活性染料能渗透到纤维细胞内,渗透性也要优于酸性染料。此外,活性染料在渗透过程中与木材组分进行化学结合有利于染色后颜色分布更加均匀。

3) 小结

通过电镜观察,了解了活性染料和酸性染料在木材中存在方式的差异,认识了其各自对木材的上染机理:酸性染料是与木材发生物理结合,而活性染料的上染机理主要是通过和木材产生共价键,进行化学结合。通过试验探究初步得到活性染料染色性能优于酸性染料的内在原因。

2. 颜色水洗牢固性的比较

染色单板颜色的水洗牢固性指的是在水或其他液体的冲洗、浸泡,以及湿气的作用下,染色单板因染料分子等因素而产生褪色的程度。颜色的水洗牢固性在很大程度上可以表征染料分子与木材结合的强度,是检验染色单板色牢固性的重要指标[16]。

本节研究利用人工林桦木单板染色处理模拟天然珍贵木材,制成仿珍装饰材料。虽然其主要用于室内装修和家具表面装饰,但为了适应某些地区潮湿的气候或意外发生的液体浸泡,颜色的水洗牢固性也作为一项重要指标来评价染色单板性能。同时,探究染色单板颜色的水洗牢固性也为室外木质仿珍装饰材料的应用提供了条件,如景观装饰等领域。因此,木材染整行业的进一步发展需要深入探究染色单板的颜色水洗牢固性等指标。本节使用染色单板水洗处理前后色差的变化量作为量化指标来评价颜色的水洗牢固性。

1) 试验方法

从酸性染料和活性染料在染色最佳工艺条件下染色而成的两组单板中，各抽取 2 张，再从酸性染料和活性染料染色正交试验的各组染色单板中各抽取 2 张，共 40 张单板(其中酸性染料染色单板 20 张，活性染料染色单板 20 张)，将酸性染料染色的 20 张单板装入不锈钢试样笼中，再放入装有 1000mL 蒸馏水的大烧杯中，单板要求全部浸入水中；然后，使用恒温水浴锅将烧杯加热至 65℃，待浸泡 2h 后，关闭水浴锅，取出烧杯；将单板从烧杯中取出，使用全自动分光光度计测量并计算水洗前后其表面色差的差值，从而分析其颜色的水洗牢固性。之后，对活性染料染色的 20 张单板重复上述处理和测量过程。此外，通过对文献资料的总结，发现经过壳聚糖预处理的酸性染料染色单板，其颜色的水洗牢固性会有大幅度提高，从 3.2 节染成的一组壳聚糖预处理酸性染料染色单板中抽取 2 张，也对其重复上述的处理和测量过程。

2) 试验结果与讨论

染色单板经水洗处理后，通过酸性染料染色的单板颜色褪色明显，水洗液颜色变深；通过壳聚糖预处理的酸性染料染色单板以及活性染料染色的单板，褪色现象较轻，水洗液颜色基本不变。表 4-10 中列出了经过测量后得出的水洗处理前后单板色差的变化。从表中的数据可以清楚地看出，酸性染料染色单板在水洗处理前后的色差变化值较大，差值平均值为-28.11；活性染料染色单板在经过水洗处理后，其色差变化量很小，差值平均值为-0.47。产生上述现象的原因是：利用酸性染料对单板染色是一个物理过程，其结合力较弱；在经过热水浸泡时，染色单板与水洗处理液之间存在着很大的浓度差，再加上单板内上染的染料分子遇热会加剧扩散，导致单板发生解吸过程，使得已与木板结合的染料分子脱落，因而单板褪色较为严重。与酸性染料染色不同，经过活性染料染色后的单板，由于染料分子和木材发生化学结合，稳固性很强，即便发生解吸过程也无法使已结合的染料分子脱落，这就如我们不可能只通过热水浸泡将木材中的纤维素、半纤维素或木质素等浸泡出来一样，所以单板几乎不褪色，颜色变化很小。此外，肉眼观察壳聚糖预处理的酸性染料染色单板，其水洗处理后的颜色变化不明显，但通过测量色差后发现，它的色差值有一定程度的下降，与未经过壳聚糖预处理的酸性染料染色单板相比较，其颜色的水洗牢固性要高得多，表明壳聚糖预处理可以有效地提高酸性染料染色的染料结合强度，增强其颜色的水洗牢固性。

表 4-10 水洗处理中染色单板的色差变化

	编号	水洗处理前 ΔE	水洗处理后 ΔE	ΔE 的差值	差值平均值
酸性染料染色单板	1	85.86	63.15	-22.71	-28.11
	2	86.32	54.81	-31.51	

续表

	编号	水洗处理前 ΔE	水洗处理后 ΔE	ΔE 的差值	差值平均值
	3	84.11	55.90	−28.21	
	4	84.95	50.18	−34.77	
	5	84.05	58.50	−25.55	
	6	85.27	52.20	−33.07	
	7	86.12	61.40	−24.72	
	8	84.45	59.00	−25.45	
	9	86.36	58.30	−28.06	
	10	84.69	59.11	−25.58	
酸性染料染色单板	11	84.46	59.69	−24.77	−28.11
	12	85.03	60.96	−24.07	
	13	82.95	57.56	−25.39	
	14	83.79	54.50	−29.29	
	15	84.75	55.80	−28.95	
	16	83.79	55.77	−28.02	
	17	82.45	50.06	−32.39	
	18	84.42	50.39	−34.03	
	19	86.28	60.19	−26.09	
	20	86.09	56.55	−29.54	
	1	78.25	77.34	−0.91	
	2	76.57	76.75	0.18	
	3	81.70	81.38	−0.32	
	4	77.94	77.27	−0.67	
	5	77.01	78.42	1.41	
活性染料染色单板	6	77.20	76.67	−0.53	−0.47
	7	79.58	78.68	−0.90	
	8	80.05	80.82	0.77	
	9	81.15	80.59	−0.56	
	10	79.47	78.86	−0.61	
	11	79.12	78.60	−0.52	

续表

	编号	水洗处理前 ΔE	水洗处理后 ΔE	ΔE 的差值	差值平均值
活性染料染色单板	12	80.07	79.99	−0.08	
	13	80.26	80.29	0.03	
	14	78.74	77.40	−1.34	
	15	79.58	79.87	0.29	
	16	80.38	81.02	0.64	−0.47
	17	78.73	76.24	−2.49	
	18	81.39	78.72	−2.67	
	19	80.41	80.38	−0.03	
	20	84.11	82.95	−1.16	
壳聚糖预处理染色单板	1	88.67	82.33	−6.34	−4.75
	2	89.25	86.09	−3.16	

3) 小结

通过前面设计试验探究染色单板颜色的水洗牢固性，得出活性染料染色单板的颜色水洗牢固性远高于酸性染料染色单板这一结论。上述结论表明活性染料与木材之间的化学结合，其稳固性比其他染料要强，在木材染色中活性染料具有"耐水性"强这一特点。此外，还发现经过壳聚糖预处理后的酸性染料染色单板，其颜色的水洗牢固性有显著提高，但由于壳聚糖的价格十分昂贵，其工业推广的前景不如活性染料。

3. 颜色耐光性的比较

由于木材内部木质素与染料能够吸收光照中的紫外线能量，吸收的紫外线能量在氧气的催化作用下，导致木材与染料发生光物理及光化学分解，进而使染色木材的发色体系产生色变，所以染色木材经长期光照容易发生褪色或变色现象。染色单板表面在太阳或其他光源的照射下，发生染料分子脱落、氧化或分解而导致褪色的程度，称为染色单板的颜色耐光性。颜色耐光性作为评价木材染色品质的重要一项可以很好地表征染色单板的色牢固性，所以对于染色单板颜色耐光性的研究具有重要意义。本小节设计试验测量并记录经紫外线照射后染色单板的色差变化，使用色差的差值这一量化指标来评价颜色的耐光性[17]。

1) 试验方法

分别从前面所述两组经活性染料与酸性染料染色的单板中抽取 2 张，然后把 4 张单板放入紫外线老化仪中连续照射 10h 后取出；之后，用全自动分光光度计测量并计算 4 张单板紫外线照射前后表面色差及变化量，根据数据对比分析染色单板的颜色耐光性。此外，通过对文献资料的总结，发现经过壳聚糖预处理的酸性染料染色单板，其颜色的耐光性会有所增加，所以我们也从壳聚糖预处理酸性染料染色单板中抽取 2 张，研究其颜色的耐光性[18]。

2) 试验结果与讨论

仅仅凭借肉眼无法观察出染色单板经紫外线照射前后颜色的变化，因而需要借助仪器进行测量并通过数据做出分析。表 4-11 中列出了经过测量后得出的紫外线照射前后单板的色差变化。从表中的数据看出，紫外线照射后，活性染料染色单板和酸性染料染色单板表面色差值都有所减小，但活性染料染色单板 ΔE 的差值绝对值要小于酸性染料染色单板，说明活性染料染色单板的颜色耐光性要优于酸性染。产生上述结果有两方面原因：一方面是采用活性染料进行染色，染料分子与木材发生的是化学结合，不会因光物理作用而产生分解进而导致褪色，这一化学结合过程从某种意义上可能增强了染色单板的耐光性；另一方面，相较于酸性染料，活性染料自身化学结构的耐光性更优。通过上面论述可得如下结论：采用活性染料上染所得的染色单板耐光性要比酸性染料上染的染色单板强。此外，从表 4-11 中还看出，经过壳聚糖预处理的酸性染料染色单板，其紫外线照射前后的表面色差减小很小，耐光性十分优异。这是因为，壳聚糖预处理的木材表面是染料对壳聚糖膜的着色，而未经处理的是染料对木材组分的着色；染料与壳聚糖膜之间的结合是化学反应，发生化学结合，其强度要高于后者，而且壳聚糖本身的耐光性也要高于木材组分。所以壳聚糖预处理可以有效地提高酸性染料染色单板的颜色耐光性。

表 4-11　紫外线照射前后单板的色差变化

	编号	紫外线照射前 ΔE	紫外线照射后 ΔE	ΔE 的差值	差值平均值
酸性染料染色单板	1	85.96	80.16	−5.8	−5.72
	2	86.16	80.52	−5.64	
活性染料染色单板	1	80.69	78.77	−1.92	−2.09
	2	83.55	81.29	−2.26	
壳聚糖预处理染色单板	1	88.17	87.21	−0.94	−0.6
	2	88.95	88.71	−0.24	

3) 小结

通过前面设计试验探究染色单板颜色的耐光性，得出活性染料染色单板的颜色耐光性强于酸性染料染色单板这一结论，从而又总结出活性染料应用于木材染色技术的一个优势。此外，还发现壳聚糖预处理可以提高酸性染料染色单板的颜色耐光性。

4.2　樟子松单板染色工艺研究

4.2.1　单因素分析

1. 直观分析

由于樟子松单板在切割过程中需要区分早晚材，所以切割非常薄，在测试中发现其染透率达到 100%，所以将染透率排除出本节的染色效果评价。

樟子松染色单板在各条件下色差的测定结果如表 4-12 所示。各条件下上染率的测定结果如表 4-13 所示。

表 4-12　各因素各水平下樟子松各组染色单板的平均色差变化

水平	因素							
	活性艳红 X-3B 浓度	渗透剂 JFC 浓度	纯碱浓度	NaCl 浓度	温度	染色时间	固色时间	浴比
1	45.115	46.897	49.611	50.704	47.156	60.524	52.953	50.223
2	66.310	44.732	43.632	42.381	44.31	66.311	45.041	44.063
3	65.836	68.078	57.310	56.085	55.913	47.886	60.311	62.311
4	65.943	43.421	69.390	66.310	68.965	41.141	68.749	69.061
5	68.648	47.07	45.569	43.544	54.567	47.591	56.562	54.079
极差	13.533	24.657	25.758	23.929	24.655	25.17	23.708	24.998

表 4-13　各因素各水平下樟子松各组染色单板的平均上染率变化

水平	因素							
	活性艳红 X-3B 浓度	渗透剂 JFC 浓度	纯碱浓度	NaCl 浓度	温度	染色时间	固色时间	浴比
1	0.1952	0.0687	0.0382	0.0628	0.1251	0.1262	0.0742	0.1372
2	0.1673	0.1287	0.0529	0.0742	0.1840	0.1822	0.1089	0.1721
3	0.1372	0.1752	0.0738	0.0867	0.0961	0.1232	0.1564	0.1062
4	0.0638	0.1372	0.1432	0.1421	0.0856	0.1011	0.0860	0.0842
5	0.0372	0.0632	0.0632	0.0872	0.1025	0.1023	0.0716	0.0624
极差	0.158	0.1065	0.1050	0.0793	0.0984	0.0811	0.0848	0.1097

2. 趋势分析

1) 染料浓度的影响

如图 4-35 所示，随着染料浓度的增加，色差变化先增大后减小，在浓度为 1%时出现拐点，之后趋于平稳，变化不大。虽然在浓度为 2.5%时，其色差变化最大，但考虑到染料消耗，确定 1%为染料浓度最佳条件。

如图 4-36 所示，随着染料浓度的增加，其上染率不断下降。染料浓度在 0.5%时其上染率最佳，之后上染率下降，但是浓度为 1%时其上染率下降并不大。

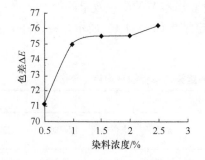
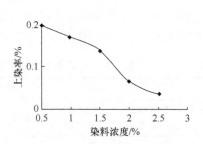

图 4-35　染料浓度对试件各点表面色差的影响　　图 4-36　染料浓度对表面上染率的影响

2) 渗透剂浓度的影响

从图 4-37 可以看出，随着渗透剂浓度增加，其单板的色差变化先增大后减小，其中浓度为 0.1%时达到峰值。从图 4-38 可以看出，不添加渗透剂时其上染率最低，说明渗透剂对活性染料染色的上染率有影响；之后，随着渗透剂浓度的增加，其上染率逐渐上升，但在浓度为 0.1%处出现峰值，之后随着浓度的增加，其上染率反而逐渐降低，所以渗透剂浓度在 0.1%时其上染率最佳。

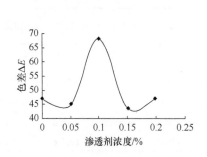
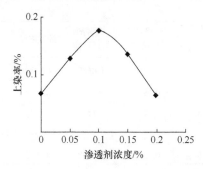

图 4-37　不同渗透剂浓度下单板色差的变化　　图 4-38　不同渗透剂浓度下单板上染率的变化

3) 纯碱浓度的影响

随着纯碱浓度的增加，单板的色差变化总体逐渐增大，在浓度为 2.5%处出现峰值，之后逐渐减小，如图 4-39 所示。从图 4-40 看出，随着纯碱浓度的增加，其上染率逐渐上升，在浓度为 2.5%处出现峰值，之后随浓度的增加，其上染率反而下降。

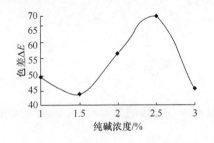 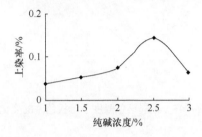

图 4-39　不同纯碱浓度对试件各点表面色差　　图 4-40　不同纯碱浓度对上染率的影响
　　　　　　的影响

4) NaCl 浓度的影响

从图 4-41 可以看出，随着 NaCl 浓度的增加，单板的色差变化总体逐渐变大，在浓度为 1.5%处出现峰值，之后有所减小。从图 4-42 可以看出，随着 NaCl 浓度的增加，其上染率开始时变化不大，但在浓度为 1.5%处，上染率突然上升，并达到峰值，之后随着浓度增加，上染率又有所下降。

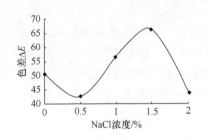 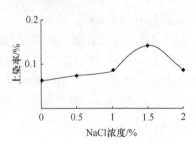

图 4-41　不同 NaCl 浓度下单板色差的变化　　图 4-42　不同 NaCl 浓度下单板上染率的变化

5) 染色温度的影响

随着染色温度的升高，单板的色差变化在 70～80℃处变化很小，基本平稳，在 85℃处出现拐点，之后大幅减小。如图 4-43 所示。从图 4-44 看出，随着温度的上升，其上染率上升，但在 75℃处出现峰值，之后反而下降并趋于稳定。

6) 染色时间的影响

随着染色时间的延长，单板的色差变化逐渐增大，在 60min 处出现峰值，之后有所减小，90min 后逐渐趋于平稳，变化不大，如图 4-45 所示。从图 4-46 可以看出，随着染色时间的延长，其上染率上升，但在 60min 处出现峰值，之后反而下降并趋于稳定。

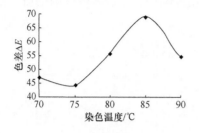

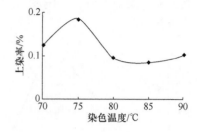

图 4-43　不同染色温度下单板色差的变化　　图 4-44　不同染色温度下单板上染率的变化

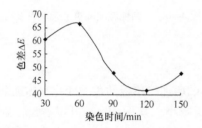

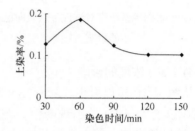

图 4-45　不同染色时间下单板色差的变化　　图 4-46　不同染色时间下单板上染率的变化

7) 固色时间的影响

从图 4-47 可以看出，随着固色时间的延长，单板的色差变化总体上呈上升趋势，但在 40min 处出现了一个拐点。这是因为，固色时间越长，染料分子与木材组分反应得越充分，但时间过长会导致染料分子水解断链的出现，从而色差变化减小。从图 4-48 可以看出，随着固色时间的延长，其上染率上升，但在 30min 处出现峰值，之后反而下降。

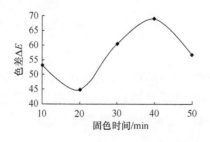

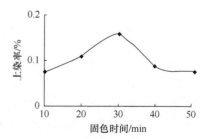

图 4-47　不同固色时间下单板色差的变化　　图 4-48　不同固色时间下单板上染率的变化

8) 浴比的影响

随着浴比的增大，单板的色差变化总体上呈上升趋势，但在 17 : 1 处出现拐点，之后有所减小，如图 4-49 所示。从图 4-50 可以看出，随着浴比的增大，上染率有所上升，但浴比为 13 : 1 处出现峰值，之后大幅下降。

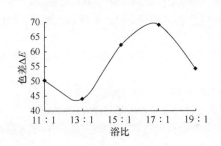

图 4-49　不同浴比下单板色差的变化　　　　图 4-50　不同浴比下单板上染率的变化

4.2.2　正交分析

选取染料浓度、温度、纯碱浓度和 NaCl 浓度进行三水平-四因素(L3^4)正交试验，染料浓度为 0.5%、1.0%、1.5%，染色温度为 75℃、80℃和 85℃，纯碱浓度为 1%、2%和 3%，NaCl 浓度为 1.5%、2.5%和 3.5%，根据正交试验结果，进行方差分析。在樟子松染色过程中，对其影响显著的因素是染料浓度、NaCl 浓度，综合分析结果得出适合樟子松的染色工艺是染料浓度 1%、纯碱浓度 2%、NaCl 浓度 1.5%、温度 85℃。

4.2.3　小结

以人工林樟子松为试材，以活性染料为染色试剂，染料浓度、渗透剂浓度、纯碱浓度、NaCl 浓度、染色温度、染色时间、固色时间、浴比为考察工艺因子，统计分析不同工艺因子下色差及上染率的变化，并做了正交分析，确定色差最优的染色工艺为：染料浓度 1%、渗透剂 JFC 浓度 0.1%、纯碱浓度 2%、NaCl 浓度 1.5%、温度 85℃、染色时间 60min、固色时间 40min、浴比 17 : 1。

4.3　大青杨单板染色工艺研究

大青杨单板染色工艺试验与樟子松基本相同，只是由于单板相对较厚，染透率不是 100%，还需要考虑此因素的影响，此部分工作参考课题组其他成员的研究成果，在这里就不详细说明了，具体参考文献[19]，这里只给出结论：活性染料浓度 1.5%、渗透剂 JFC 浓度 0.20%、促染剂(NaCl)浓度 2.5%、固色剂 (Na$_2$CO$_3$)浓度 2.0%、温度 85℃、染色时间 180min、固色时间 30min，浴比 10∶1。

参 考 文 献

[1] 徐然, 祁忆青. 天然染料研究及应用于木材染色的探讨[J]. 家具, 2019, 40(6): 5-8.

[2] 付晓霞, 山昌林, 马立军, 等. 速生杨木单板染色技术的研究[J]. 木材加工机械, 2017, 28(6): 5-7.

[3] 王春灿, 邓邵平, 林金国. 杉木人工林木材酸性染料染色性能[J]. 森林与环境学报, 2018, 38(1): 111-117.

[4] 王玉梅. 木竹材染色及其在产品设计中的应用[D]. 杭州: 浙江农林大学, 2017.

[5] 姚爱莹. 木质材料仿珍贵材染色与烫蜡装饰研究[D]. 哈尔滨: 东北林业大学, 2016.

[6] 钟杨, 喻胜飞, 刘元, 等. NaOH 预处理对杨木活性染料染色效果的影响[J]. 中南林业科技大学学报, 2016, 36(6): 103-106.

[7] Liu Y S, Zhang Y, Yu Z M, et al. Microbial dyes: dyeing of poplar veneer with melanin secreted by *Lasiodiplodia theobromae* isolated from wood[J]. Applied Microbiology and Biotechnology, 2020, 104(8): 3367-3377.

[8] 尹太玉, 闫小星. 活性黑色染料对水曲柳上的染色优化研究[J]. 家具, 2020, 41(1): 10-13, 49.

[9] Suh J S, Park R J, Cho Y H, et al. Manufacture of rainbow-colored veneer by natural dyeing[J]. Journal of the Korea Furniture Society, 2015, 26(3): 286-290.

[10] Rusdi S, Yogaswara H, Prabowo W T, et al. Extraction of natural dyes from kesumba keling (*Bixa orellana*) seed and secang (*Caesalpinia sappan* Linn) wood for coloring fabrics[J]. Materials Science Forum, 2020, 6028: 179-184.

[11] 张卿硕, 杨雨桐, 符韵林, 等. 巴里黄檀心材色素为染料桉木单板仿珍染色工艺与着色机制[J]. 北京林业大学学报, 2020, 42(3): 151-159.

[12] 饭岛帮夫. 单板染色[P]. 日本东京: 公开特许, 昭 58-149955, 1981.

[13] 许茂松. 人工林杨木增强-染色复合改性工艺研究[D]. 北京: 中国林业科学研究院, 2017.

[14] 余春和, 杨雨桐. 植物染料用于木材仿真染色的探讨[J]. 陕西林业科技, 2018, 46(2): 88-90.

[15] 胡极航, 范文苗, 李黎, 等. 北美糖槭单板染色工艺的优化[J]. 东北林业大学学报, 2016, 44(8): 68-72.

[16] 邢亚杰. 酸性和活性染料染色单板水洗牢固性比较[J]. 辽宁林业科技, 2016, (2): 32-33.

[17] 李景梅, 于洪亮. 酸性和活性染料染色单板颜色耐光性比较[J]. 辽宁林业科技, 2017, (3): 12-14, 21.

[18] Zhang Y, Zhou S S, Li C, et al. Study on the lightfastness of ink based on visible and infrared spectral analysis[J]. Science of Advanced Materials, 2019, 11(12): 1773-1780.

[19] 曹龙. 杨木单板制造科技木方及逆向设计仿珍贵材科技木花纹[D]. 哈尔滨: 东北林业大学, 2009.

第 5 章　木材染色的影响因素分析

5.1　木材解剖结构对染色效果的影响

木材上染实际上是染料进入木材与之结合的过程，除受到染色工艺的影响，木材解剖结构的变化也必定会引起染色效果的变化，探究木材解剖结构对染色效果的影响对木材染色具有重要意义[1-4]。

5.1.1　木材解剖构造对传热性能的影响

通过前面介绍可知染色温度是影响木材染色效果的一项重要工艺参数，所以与温度相关的木材传热性能的改变必然会影响木材的染色效果。而木材的多孔结构又作为木材热传导的主要途径，多孔中的空气湿度、流体速度等因素对传热性能有重大影响。此外，木材多孔结构的孔径大小及分布位置也影响着木材的传热性能，在含水率不变的情况下，孔径数量较多、孔径较细的木材，它的传热性能较低。

5.1.2　木材解剖构造对渗透性能的影响

前面提到，木材的渗透性能在木材染色处理中扮演着十分重要的角色，渗透性能强弱极大地影响着木材染色效果。

(1) 木材内部含有众多有机高分子物质，它们分布广泛，越往中心含量越高；有一些水溶性较好，也有一些水溶性很差[5]，木材内部这些物质的存在大大降低了木材的渗透性[6]。

(2) 木材细胞壁上的纹孔是流体在细胞间传递的主要途径。渗透性能的强弱与木材纹孔分布及数量有很大关系，通常情况下，纹孔越多，渗透性越强。此外，纹孔单位面积对渗透性的影响也很大。大量研究表明，纹孔对渗透性能的影响主要由纹孔数量与纹孔单位面积之积(即纹孔总面积)决定。除上述两种纹孔本身特征可以影响木材渗透性外，纹孔的开放率同样是影响木材渗透性的一大重要因素，纹孔由于异物堵塞或自身原因关闭，导致流通量减少，进而使得木材渗透性能减弱[7-9]。

(3) 木材管胞细胞壁作为阻碍流体在木材内部流通的主要阻力，其对木材渗透性的影响不言而喻。通常来讲，流体在木材内部流过固定距离，经过的管胞越少，遇到的阻力就越小，流体流通越通畅，木材的渗透性能就越好[10-12]。也就是说，木材管胞长度越长，渗透性能越佳。当然，不能仅通过管胞长度评价渗透率，还应考虑管胞搭接率这一影响因素，管胞之间除头尾相接这一情况外，还可能相互搭接在一起。

(4) 木材品种对木材渗透性能的影响也很大，不同种类木材的内部组织结构不同必然会导致染色效果存在差异。例如，利用同一染料上染两种不同木材，由于导管孔径等木材结构的差异，染液在木材中的渗透性能也存在一定的差异。同一种木材不同组织结构对于染料的渗透性也不同，染色效果也存在差异。以阔叶木材为例，阔叶木材主要由导管、木纤维以及木射线组成。从木材排列结构上来说，染料在纵向排列分布的木纤维与导管中的渗透性能要优于横向排列分布的木射线[13,14]。并且导管、木纤维、木射线三者的化学组成成分不尽相同，因而它们的上染性同样存在差异。

阔叶木材各结构的差异性直接导致染料在木材中不同组分的渗透性存在差异，进而对木材不同组分的染色效果产生影响。染料主要通过木射线细胞、导管与木纤维细胞壁上的纹孔渗透进入木材内部，因为导管比纹孔的直径要大，所以就阔叶木材而言纵向染色效果比横向要好。针叶木材同样存在组织结构不同渗透性能不同这一现象，但影响效果及原理与阔叶木材有所不同。针叶木材的组成成分主要有木射线、管胞以及树脂道。染液在木材内纵向渗透时，主要通过木射线细胞及管胞壁上的纹孔流通，所以木射线细胞及管胞壁上纹孔越多，纵向渗透效果越好。可以推知，木射线和管胞所占比量、管胞弦向壁厚等内部结构特征对针叶木材的染色效果有很大影响。染液纵向渗透主要通过管胞流通，所以管胞的多少极大影响着木材的染色效果。除上述影响因素外，树脂道中树脂及填充物含量多少也影响着木材的染色效果，其含量过多会阻碍染料的上染，含量较少则会促进染液的渗透及流通[15]。

本章以樟子松、大青杨和水曲柳这三种东北具有代表性的木材为研究对象，通过测定木材的解剖特征(木射线比量、木纤维比量、壁腔比、纤维长度等)和木材的染色效果(L^*、a^*、b^*、ΔE)，采用多元回归分析方法探究水曲柳解剖特征因子与染色效果的相关性及变化规律，筛选出对木材染色效果产生影响的主要解剖因子，为木材染色工艺向着规范化发展提供相关的理论依据。木材染色工艺的规范化发展有利于提高木材利用率，提高生产效率；研究结果的应用不仅有利于天然木材及珍贵树种的保护，缓解市场对于名贵木材的需求，其对于我国林业可持续发展、木材染整行业的技术革新同样具有重大意义。

5.2 解剖构造对染色效果的影响研究方法

长期以来，人们对于木材染色的工艺研究较多，而对于木材本身的性质，特别是解剖特性对其染色效果的影响研究较少，这在某种程度上制约了染色效果的发展[16]。本章选取樟子松、大青杨和水曲柳作为研究对象，测量解剖特性及染色效果相关指标，通过多元回归分析方法对解剖特性进行建模分析，进而确定影响染色效果的主要解剖因子，以便后续配色方案的设计。

5.2.1　试验方案

要得到染色效果与解剖特性的关系，首先对试材进行解剖特性的测量，然后应用第 4 章的染色工艺对试材进行染色，测定其色差，并将色差量与解剖特性进行多元回归分析，得出它们的相关性，具体的试验思路如图 5-1 所示。

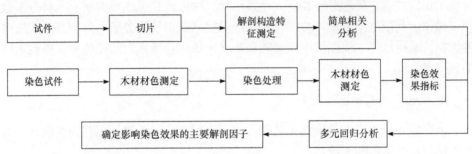

图 5-1　木材解剖因子与染色效果的相关性研究技术路线图

5.2.2　材料的采集与加工

采用完全气干的樟子松、大青杨和水曲柳试材，先锯取 3.0cm 宽的中心板，再从髓心到树皮半径长的样条上，分早晚材截取、裁剪，用砂纸光洁表面，分别作为木材解剖和木材染色试件。共获得樟子松解剖和染色试件 3 组各 25 块，大青杨解剖和染色试件 3 组各 30 块，共 165 块试件，分批次编号。所有指标均取 3 组试件测量的平均值。

5.2.3　试验相关指标的测定与分析方法

1. 解剖特性的测量

1) 管胞长度的测定

将木材试样(沿生长轮)分早晚材切片放入试管中，在试管中倒入 30%硝酸没过切片，然后倒入氯酸钾，用试管架支撑并放入烘箱中加热约 4h，温度设为 75℃。加热完毕后，取出试管并将硝酸倒出，然后水洗试样 4～5 次，捂住试管口来回振荡直到切片变为浆状物为止。用镊子夹取少量浆状物于载玻片上，用滴管在载玻片中央滴加一滴水后加盖盖玻片，然后在显微投影仪下利用接目测微尺测得管胞长度。

2) 其他解剖特征指标的测定

利用切片机从木材试样横切面切取切片，要求切片厚 15～20μm、长度适宜，同一部位切片不超过 5 片，获得的切片放在盛有水的圆盘内防止变形。然后依次经过染色(番红)、脱水(30%、50%、80%、95%的乙醇)、无水乙醇、无水乙醇与二甲苯混合液、二甲苯处理，通过光学树脂胶固定于载玻片上，加盖盖玻片，放在干燥环境中，之后用显微镜观察处理后的切片，采用数码相机(放大 10 倍、4 倍)拍摄切面照片并导入木材显微图像分析处理系统以便进一步的分析，利用相关辅助工具测量并计算得出木材的胞壁率、壁腔比、管胞壁厚等数值[17]。

木材显微图像分析处理系统主要进行灰度图像二值化处理，利用木材分子边缘技术识别并确定管胞分子几何大小及形状，并检测显微图像内所有木材分子这两步操作。利用这个系统可按照年轮早晚材顺序测得管胞分子内外腔直径、壁厚等数据。通过计算二值图像中像素数和测试区域内总像素数的比值可以得到木材的胞壁率。

2. 染色方法及测色的测量

采用第 4 章中摸索的染色工艺和方法，利用前面对于测量色差的表征方法对染色试材进行染色和测量。

3. 分析方法

前面提及，确定影响木材染色效果主要解剖因子的方法是多元回归分析方法。原始数据的处理采用 Microsoft Excel 软件，涉及分析计算的步骤均使用 SPSS For Windows 软件处理。具体方法是：划定样地尺寸，每块样地选取 3 棵树，求取它们各项材性指标的平均值表征该样地材性指标。

5.3　樟子松解剖构造对染色效果的影响

5.3.1　樟子松的解剖特征

表 5-1 为樟子松木材解剖因子数据表，对比分析表中数据可知，樟子松早材管胞比晚材管胞要短，早材管胞弦向直径为 42.34μm，是晚材(17.45μm)的两倍多，并且早材管胞弦向壁厚为 8.232μm，比晚材(11.04μm)小，早材的胞壁率和壁腔比均小于晚材，表明樟子松晚材管胞腔小壁厚，早材管胞腔大壁薄。

樟子松木材的主要组成成分是木射线、管胞以及树脂道。表 5-1 中有各主要组分比量值，其中木射线比量为 10.26%，管胞比量高达 89.22%，表明樟子松木材主要由管胞构成[18]。

表 5-1　樟子松木材解剖因子数据表

木材解剖因子	早材	晚材
管胞长度/μm	2640.8	2866.8
管胞弦向直径/μm	42.34	17.45
管胞弦向壁厚/μm	8.232	11.04
胞壁率/%	45.43	81.72
壁腔比/%	0.3038	1.092
管胞比量/%[①]	89.22	
木射线比量/%	10.26	
树脂道比量/%	0.5866	

① 管胞比量为木材总的测定结果。

5.3.2　染色前后樟子松的色度学特征变化

樟子松木材染色前后色度学特征变化结果如表 5-2 所示。可以看到，素材早晚材的明度值 L^* 很高，黄蓝轴色品指数 b^* 较高，红绿轴色品指数 a^* 很低，各色度学指标早晚材之间相比差别较大；染色后早晚材的明度值 L^* 都大幅度下降，早材降低幅度在-60.42～-50.61，平均值达-54.47，晚材降低较早材要少，平均值为-49.17。将其表征在二维及三维图像中，如图 5-2 所示，可以发现，染色后红绿轴色品指数 a^* 都显著升高，但早晚材红绿轴色数差 Δa^* 变化幅度相差不大，早晚材的平均值分别为 29.06 和 26.84；早晚材黄蓝轴色品指数 b^* 降幅都不大，但相比而言，晚材的黄蓝轴色品指数差 Δb^* 下降得比早材要大，早晚材的平均值分别为-9.17 和-13.22；早晚材色差 ΔE^* 变化范围分别为 58.16～69.28 和 52.78～63.74，平均值都超过 55，表明早晚材染色前后木材材色都发生了明显变化[19]。

表 5-2　樟子松木材染色前后色度学特征变化结果

试件	L^*	a^*	b^*	ΔL^*	Δa^*	Δb^*	ΔE^*
素材早材	83.11	3.080	21.48				
素材晚材	77.80	5.400	25.70				
染色早材	28.64	32.14	12.31				
染色晚材	28.63	32.24	12.48				
早材染色前后				-54.47 (-60.42～-50.61)	29.06 (23.70～38.66)	-9.17 (-4.23～13.67)	62.84 (58.16～69.28)

续表

试件	L^*	a^*	b^*	ΔL^*	Δa^*	Δb^*	ΔE^*
晚材 染色前后				−49.17 (−45.62~ −53.33)	26.84 (19.42~ 35.53)	−13.22 (−6.74~ 18.04)	57.39 (52.78~ 63.74)

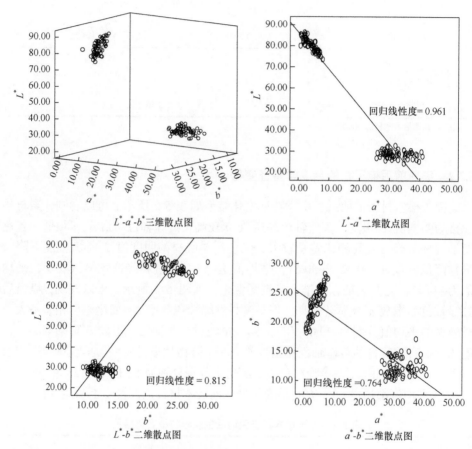

图 5-2 樟子松木材染色前后色度学特征变化图

5.3.3 樟子松解剖因子间的相关分析

1. 木材解剖构造与木材染色效果的指标

以人工林樟子松解剖因子为自变量，测定早晚材管胞及组织比量等特征值共 13 个指标；以染色前后木材材色变化特征值为因变量，分早晚材来分析，共有 ΔL^*、Δa^*、Δb^*、ΔE 8 个指标。木材解剖因子和染色效果指标符号与含义如表 5-3 所示。

表 5-3　樟子松木材解剖因子和染色效果指标符号与含义对照表

樟子松解剖因子	含义	染色效果指标	符号	含义
x_1	早材管胞长度	y_1	ΔL^*	早材明度
x_2	早材管胞弦向直径	y_2	Δa^*	早材红绿轴色品指数
x_3	早材管胞弦向壁厚	y_3	Δb^*	早材黄蓝轴色品指数
x_4	早材胞壁率	y_4	ΔE^*	早材色差
x_5	早材壁腔比	y_5	ΔL^*	晚材明度
x_6	晚材管胞长度	y_6	Δa^*	晚材红绿轴色品指数
x_7	晚材管胞弦向直径	y_7	Δb^*	晚材黄蓝轴色品指数
x_8	晚材管胞弦向壁厚	y_8	ΔE^*	晚材色差
x_9	晚材胞壁率			
x_{10}	晚材壁腔比			
x_{11}	管胞比量			
x_{12}	木射线比量			
x_{13}	树脂道比量			

2. 解剖因子间的相关性分析

相关系数是研究变量之间线性相关程度的量，简单相关系数是其中的一种，可以表述不同变量之间线性关系的密切程度。为客观准确地分析木材解剖因子和染色效果间的相关性，需要通过简单相关分析，提前筛选出樟子松解剖因子中相关性很强的因子对，只保留其中一个，然后再进行多元回归分析。

从表 5-4 可见，樟子松木材解剖因子 13 个指标间均有一定的相关性，其中早材管胞长度(x_1)和晚材管胞长度(x_6)、早材管胞弦向直径(x_2)和晚材管胞长度(x_6)、早材管胞弦向壁厚(x_3)和早材胞壁率(x_4)、晚材管胞弦向壁厚(x_8)和晚材壁腔比(x_{10})、管胞比量(x_{11})和木射线比量(x_{12})之间的相关系数都很高，分别为 0.911、0.671、0.695、0.714 和–0.987，绝对值均超过 0.65，表明这些因子之间相关性很高。

表 5-4　人工林樟子松木材解剖因子间相关系数表

解剖因子	x_1	x_2	x_3	x_4	x_5	x_6	x_7
x_1	1						
x_2	0.588	1					

续表

解剖因子	x_1	x_2	x_3	x_4	x_5	x_6	x_7
x_3	0.102	−0.166	1				
x_4	−0.358	−0.358	0.695	1			
x_5	−0.398	−0.350	0.283	0.450	1		
x_6	0.911	0.671	0.099	−0.400	−0.420	1	
x_7	−0.013	−0.161	0.006	0.165	0.071	−0.141	1
x_8	0.129	0.040	0.470	0.176	0.221	0.266	−0.279
x_9	0.024	0.168	0.029	−0.015	0.007	0.062	−0.225
x_{10}	−0.073	0.013	0.162	0.092	0.339	0.033	−0.586
x_{11}	−0.087	−0.038	−0.145	−0.323	−0.095	0.068	−0.122
x_{12}	0.034	−0.004	0.177	0.368	0.143	−0.123	0.159
x_{13}	0.086	0.171	−0.247	−0.147	−0.091	0.048	−0.006

解剖因子	x_8	x_9	x_{10}	x_{11}	x_{12}	x_{13}
x_8	1					
x_9	0.559	1				
x_{10}	0.714	0.566	1			
x_{11}	−0.043	0.063	−0.044	1		
x_{12}	0.019	−0.070	0.018	−0.987	1	
x_{13}	−0.124	0.170	−0.042	0.352	−0.432	1

5.3.4　樟子松解剖因子与染色效果的多元回归分析

在自变量很多(有很多的冗余变量，变量直接不完全独立)时，采用逐步回归分析法，对自变量进行筛选可建立预测效果更好的多元回归模型。多元回归分析方法可以很好地解决多变量下的回归线性估测问题，适用于本节对解剖因子与染色效果相关性的探究。

1. 解剖因子与染色效果的多对多线性回归分析

本节将木材染色效果(8 个樟子松染色前后色度学变化特征值指标)作为因变量，把木材解剖因子(9 个相关指标)作为自变量，做多对多线性回归分析，以此探究樟子松木材解剖因子与木材染色效果之间存在的内在联系。分析表 5-5 可知，多元回归分析得到的复相关系数在 0.573~0.786，表明木材染色效果与樟子松木材解剖因子之间有着较高的相关性。

表 5-5　樟子松染色前后色度学变化参数与解剖因子的多对多回归分析结果

因变量	回归方程式	复相关系数
早材 ΔL^*	$y_1=0.098x_4-3.147x_5-0.342x_7-0.569x_8-0.089x_9+1.622x_{11}+1.656x_{12}+2.273x_{13}-202.655$	0.786
早材 Δa^*	$y_2=-0.227x_4+6.073x_5-0.003x_6-0.089x_7-0.09x_8-0.055x_9+1.972x_{11}+2.348x_{12}+9.689x_{13}-152.137$	0.573
早材 Δb^*	$y_3=-0.069x_4+2.298x_5-0.069x_7+0.451x_8+0.151x_9-0.662x_{11}-0.788x_{12}-4.614x_{13}+45.579$	0.771
早材 ΔE^*	$y_4=-0.18x_4+5.248x_5-0.002x_6+0.279x_7+0.418x_8+0.016x_9-0.242x_{11}-0.072x_{12}+3.679x_{13}+83.957$	0.724
晚材 ΔL^*	$y_5=-0.102x_4+3.912x_5+0.003x_6+0.341x_7-0.336x_8-0.078x_9+0.372x_{11}+0.756x_{12}+0.938x_{13}-92.784$	0.58
晚材 Δa^*	$y_6=-0.223x_4-5.475x_5-0.008x_6-0.287x_7+1.022x_8-0.301x_9+2.083x_{11}+2.336x_{12}+13.547x_{13}-138.847$	0.653
晚材 Δb^*	$y_7=0.051x_4+3.188x_5+0.001x_6-0.258x_7+0.575x_8-0.053x_9+0.583x_{11}+0.243x_{12}-1.963x_{13}-70.048$	0.666
晚材 ΔE^*	$y_8=-0.033x_4-6.655x_5-0.007x_6-0.344x_7+0.66x_8-0.078x_9+0.517x_{11}+0.403x_{12}+6.248x_{13}+31.382$	0.592

2. 解剖因子对染色效果的贡献分析

分析樟子松木材解剖因子对染色效果的贡献，需要找到影响樟子松木材染色效果的主要解剖因子。这里引入标准回归系数的概念：标准回归系数是指将数据标准化(减均值除方差)后计算得到的回归系数。标准化后的回归系数在不同自变量之间是可以比较的，没有标准化之前是不可比的。应用到解剖因子对染色效果的贡献分析中，它可以比较不同解剖因子对染色效果的贡献大小，标准回归系数绝对值越大，代表解剖因子对染色效果的影响越明显。

对樟子松木材染色前后色度学变化特征值与解剖因子多对多回归分析的标准回归系数进行探讨，从表 5-6 可见，对早材明度差(ΔL^*)贡献较大的解剖因子为木射线比量 $x_{12}(1.856)$ 和管胞比量 $x_{11}(1.68)$；对早材红绿轴色品指数差(Δa^*)贡献较大的为木射线比量 $x_{12}(1.948)$、管胞比量 $x_{11}(1.513)$ 和树脂道比量 $x_{13}(0.56)$；对早材黄蓝轴色品指数差(Δb^*)贡献较大的为木射线比量 $x_{12}(-1.031)$、管胞比量 $x_{11}(-0.801)$ 和树脂道比量 $x_{13}(-0.42)$；对早材色差(ΔE^*)贡献较大的为早材胞壁率 $x_4(-0.349)$、早材壁腔比 $x_5(0.274)$ 和树脂道比量 $x_{13}(0.248)$。

对晚材明度差(ΔL^*)贡献较大的解剖因子为木射线比量 $x_{12}(1.038)$、晚材管胞长度 $x_6(0.659)$ 和管胞比量 $x_{11}(0.473)$；对晚材红绿轴色品指数差(Δa^*)贡献较大的为木射线比量 $x_{12}(1.677)$、管胞比量 $x_{11}(1.382)$ 和晚材管胞长度 $x_6(-0.776)$；对晚材黄蓝轴色品指数差(Δb^*)贡献较大的为管胞比量 $x_{11}(0.715)$、晚材管胞弦向壁厚 $x_8(0.346)$ 和木射线比量 $x_{12}(0.323)$；对晚材色差(ΔE^*)贡献较大的为晚材管胞长度 $x_6(-0.867)$、管胞比量 $x_{11}(0.444)$ 和树脂道比量 $x_{13}(0.405)$。

表 5-6　樟子松木材染色前后色度学变化参数与解剖因子的多元回归标准回归系数的比较

解剖因子	自变量	染色前后色度学变化参数							
		早材				晚材			
		ΔL^*	Δa^*	Δb^*	ΔE^*	ΔL^*	Δa^*	Δb^*	ΔE^*
早材胞壁率	x_4	0.219	−0.377	−0.181	−0.349	−0.28	−0.321	0.136	−0.061
早材壁腔比	x_5	−0.19	0.272	0.162	0.274	0.29	−0.212	0.228	−0.334
晚材管胞长度	x_6	0.066	−0.321	0.081	−0.231	0.659	−0.776	0.153	−0.867
晚材管胞弦向直径	x_7	−0.295	−0.057	−0.069	0.207	0.359	−0.158	−0.262	−0.246
晚材管胞弦向壁厚	x_8	−0.29	−0.034	0.268	0.184	−0.21	0.333	0.346	0.279
晚材胞壁率	x_9	−0.147	−0.067	0.291	0.023	−0.158	−0.318	−0.103	−0.107
管胞比量	x_{11}	1.68	1.513	−0.801	−0.217	0.473	1.382	0.715	0.444
木射线比量	x_{12}	1.856	1.948	−1.031	−0.07	1.038	1.677	0.323	0.375
树脂道比量	x_{13}	0.177	0.56	−0.42	0.248	0.09	0.677	−0.181	0.405

5.3.5　小结

　　对樟子松解剖因子与染色效果之间的多元回归分析表明，樟子松的染色效果与木材解剖因子之间存在较高程度的相关性。樟子松木材解剖因子与其各个染色效果指标间的复相关系数在 0.573～0.786。采用比较多元回归分析的标准回归系数的方法，确定了影响樟子松木材染色效果的主要解剖因子为管胞比量、木射线比量、树脂道比量和晚材管胞长度等因子。

5.4　大青杨解剖构造对染色效果的影响

5.4.1　大青杨的解剖特征

　　大青杨属于阔叶散孔材，由前面介绍可知，阔叶木材的主要组成成分是木射线、导管以及木纤维，纵向薄壁组织细胞极少。表 5-7 是大青杨木材解剖因子数据表，图 5-3 为大青杨木材染色前后色度学特征变化图。大青杨早晚材导管的长度差别不明显，但早材导管弦向直径的平均值(86.60μm)较晚材(64.86μm)大；早材导管的长宽比小于晚材，显示早材导管更多呈鼓形，而晚材导管多为圆柱形和矩形；早晚材木纤维长度都较长，均超过 1000μm，早材木纤维的长宽比和壁腔比均小于晚材，说明晚材木纤维与早材相比腔小壁厚。

　　大青杨木材组织比量中木纤维所占份额最大，为 60.84%，导管比量为 35.20%，木射线比量为 3.960‰。可见，大青杨木材的主要组成组织是木纤维细胞[20]。

表 5-7　大青杨木材解剖因子数据表

木材解剖因子	早材	晚材
导管弦向直径/μm	86.60	64.86
木纤维直径/μm	18.54	11.19
木纤维壁厚/μm	5.170	6.540
导管长度/μm	638.2	661.28
木纤维长度/μm	1091	1168
导管长宽比/%	7.160	9.830
木纤维长宽比/%	46.89	65.12
导管壁腔比/%	0.070	0.080
木纤维壁腔比/%	0.290	0.630
导管比量/%①	35.20	
木纤维比量/%	60.84	
木射线比量/%	3.960	

① 导管比量为木材总的测定结果。

5.4.2　染色前后大青杨的色度学特征变化

　　大青杨木材染色前后色度学特征变化结果如表 5-8 所示。可以看到，素材早晚材的明度值 L^* 很高，黄蓝轴色品指数 b^* 较高，红绿轴色品指数 a^* 很低。染色前后各色度学指标早晚材之间相比差异都不大。总体来说，素材早晚材的明度值 L^* 都很高，而红绿轴色品指数 a^* 和黄蓝轴色品指数 b^* 都较小。染色后早晚材的明度值 L^* 都大幅度下降，平均值分别为–53.22 和–53.18；红绿轴色品指数 a^* 都显著升高，早晚材的平均值分别为 34.34 和 33.56；黄蓝轴色品指数 b^* 降幅不大，平均值分别为–9.250 和–9.475，早晚材色差 ΔE^* 变化范围分别为 56.24～70.35 和 51.73～69.18，平均值都超过 60，表明早晚材染色前后木材材色都发生了显著变化[21-23]。

表 5-8　大青杨木材染色前后色度学特征变化结果

处理	L^*	a^*	b^*	ΔL^*	Δa^*	Δb^*	ΔE^*
素材早材	80.89	1.090	18.41				
素材晚材	80.74	2.810	18.54				
染色早材	27.67	35.43	9.160				
染色晚材	27.56	36.37	9.065				
早材染色前后				−53.22 (−59.71～−42.65)	34.34 (27.69～36.81)	−9.250 (−10.96～−6.56)	64.00 (56.24～70.35)
晚材染色前后				−53.18 (−41.56～−59.09)	33.56 (29.10～36.75)	−9.475 (−11.33～−6.97)	64.00 (51.73～69.18)

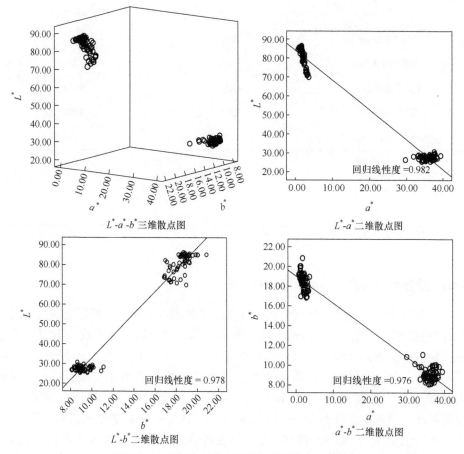

图 5-3　大青杨木材染色前后色度学特征变化图

5.4.3　大青杨解剖因子间的相关分析

1. 木材解剖因子和染色效果指标

本节将大青杨木材解剖因子作为自变量，测定了大青杨导管、木纤维及组织比量等特征值共 21 个指标；以染色前后木材材色变化特征值为因变量，分早晚材来分析，共有 ΔL^*、Δa^*、Δb^*、ΔE^* 8 个指标。木材解剖因子和染色效果指标符号与含义如表 5-9 所示。

表 5-9　大青杨木材解剖因子和染色效果指标符号与含义对照表

大青杨解剖因子	含义	染色效果指标	符号	含义
x_1	早材导管弦向直径	y_1	ΔL^*	早材明度
x_2	早材导管长度	y_2	Δa^*	早材红绿轴色品指数
x_3	早材导管长宽比	y_3	Δb^*	早材黄蓝轴色品指数
x_4	早材导管壁腔比	y_4	ΔE^*	早材色差
x_5	早材木纤维直径	y_5	ΔL^*	晚材明度
x_6	早材木纤维壁厚	y_6	Δa^*	晚材红绿轴色品指数
x_7	早材木纤维长度	y_7	Δb^*	晚材黄蓝轴色品指数
x_8	早材木纤维长宽比	y_8	ΔE^*	晚材色差
x_9	早材木纤维壁腔比			
x_{10}	晚材导管弦向直径			
x_{11}	晚材导管长度			
x_{12}	晚材导管长宽比			
x_{13}	晚材导管壁腔比			
x_{14}	晚材木纤维直径			
x_{15}	晚材木纤维壁厚			
x_{16}	晚材木纤维长度			
x_{17}	晚材木纤维长宽比			
x_{18}	晚材木纤维壁腔比			
x_{19}	导管比量			
x_{20}	木纤维比量			
x_{21}	木射线比量			

2. 解剖因子间的相关性分析

从表 5-10 可见, 大青杨木材解剖因子 21 个指标之间也均有一定的相关性, 其中早材导管弦向直径(x_1)和早材导管壁腔比(x_4)、早材导管弦向直径(x_1)和晚材导管弦向直径(x_{10})、早材导管长度(x_2)和早材木纤维长宽比(x_8)、早材导管长度(x_2)和晚材导管长度(x_{11})、早材木纤维直径(x_5)和早材木纤维壁腔比(x_9)、早材木纤维壁厚(x_6)和早材木纤维壁腔比(x_9)、早材木纤维长度(x_7)和晚材导管长度(x_{11})、早材木纤维长度(x_7)和晚材木纤维长度(x_{16})、早材木纤维长宽比(x_8)和晚材木纤维长度(x_{16})、晚材导管长度(x_{11})和晚材木纤维长度(x_{16})、晚材木纤维壁厚(x_{15})和晚材木纤维壁腔比(x_{18})、导管比量(x_{19})和木射线比量(x_{20})之间的相关系数很高, 分别为−0.755、0.815、0.708、0.729、−0.797、0.846、0.854、0.847、0.731、0.809、0.728、−0.987, 绝对值均超过了 0.70, 表明这些因子之间高度相关。

表 5-10　人工林大青杨木材解剖因子间相关系数表

解剖因子	x_1	x_2	x_3	x_4	x_5	x_6	x_7	x_8	x_9	x_{10}	x_{11}
x_1	1										
x_2	−0.238	1									
x_3	0.536	0.012	1								
x_4	−0.755	0.055	−0.516	1							
x_5	0.348	−0.319	0.196	−0.207	1						
x_6	0.161	−0.054	0.238	0.002	−0.380	1					
x_7	−0.430	0.678	−0.644	0.380	−0.293	−0.148	1				
x_8	−0.196	0.708	−0.141	0.102	0.058	−0.200	0.661	1			
x_9	−0.112	0.184	0.016	0.135	−0.797	0.846	0.124	−0.117	1		
x_{10}	0.815	−0.200	0.387	−0.597	0.087	0.231	−0.308	−0.233	0.077	1	
x_{11}	−0.298	0.729	−0.438	0.211	−0.258	−0.156	0.854	0.617	0.086	−0.192	1
x_{12}	0.462	−0.386	0.465	−0.371	0.100	0.123	−0.574	−0.533	−0.034	0.581	−0.314
x_{13}	−0.241	−0.045	−0.330	0.284	−0.081	−0.209	0.227	−0.054	−0.078	−0.479	0.222
x_{14}	−0.049	0.430	−0.209	0.002	−0.352	−0.125	0.419	0.217	0.151	0.295	0.469
x_{15}	−0.196	0.130	0.113	−0.039	−0.116	0.074	0.026	0.263	0.112	−0.196	0.115
x_{16}	−0.284	0.680	−0.396	0.267	−0.151	−0.138	0.847	0.731	0.050	−0.208	0.809
x_{17}	−0.635	0.278	−0.561	0.449	0.008	−0.328	0.518	0.280	−0.166	−0.511	0.450
x_{18}	−0.020	−0.162	0.360	−0.105	0.126	0.127	−0.317	0.051	0.006	−0.256	−0.281
x_{19}	0.460	−0.083	0.303	−0.454	−0.238	0.186	−0.231	−0.248	0.215	0.496	−0.131
x_{20}	−0.381	0.068	−0.262	0.419	0.324	−0.162	0.210	0.261	−0.249	−0.427	0.117
x_{21}	−0.546	0.103	−0.288	0.266	−0.503	−0.172	0.156	−0.051	0.184	−0.483	0.099

续表

解剖因子	x_{12}	x_{13}	x_{14}	x_{15}	x_{16}	x_{17}	x_{18}	x_{19}	x_{20}	x_{21}
x_{12}	1									
x_{13}	−0.152	1								
x_{14}	−0.069	−0.109	1							
x_{15}	−0.118	−0.217	−0.203	1						
x_{16}	−0.544	0.090	0.366	0.180	1					
x_{17}	−0.238	0.245	0.097	0.065	0.315	1				
x_{18}	0.034	−0.064	−0.715	0.728	−0.150	−0.023	1			
x_{19}	0.457	−0.090	0.001	−0.104	−0.137	−0.345	0.025	1		
x_{20}	−0.443	0.042	−0.011	0.081	0.160	0.293	−0.048	−0.987	1	
x_{21}	−0.143	0.307	0.064	0.159	−0.122	0.359	0.137	−0.199	0.040	1

5.4.4　大青杨解剖因子与染色效果的多元回归分析

1. 解剖因子与木材染色效果的多对多线性回归分析

本节将木材染色效果(8 个大青杨染色前后色度学变化特征值指标)作为因变量，把大青杨木材解剖因子(13 个相关指标)作为自变量，做多对多线性回归分析，以此来探究大青杨木材解剖因子与木材染色效果之间存在的内在联系。分析所得结果如表 5-11 所示，大青杨木材解剖因子的 13 个指标和染色效果指标之间均有较高程度的相关，其复相关系数为 0.75～0.918。

表 5-11　大青杨木材染色前后色度学变化参数与解剖因子的多对多回归分析结果

因变量	回归方程式	复相关系数
早材 ΔL^*	$y_1=-0.328x_1+0.019x_2-2.29x_3-0.03x_7-16.472x_9-1.946x_{12}+132.773x_{13}+1.536x_{14}+0.103x_{17}$ $+5.228x_{18}+0.783x_{19}+0.349x_{20}+4.487x_{21}-40.458$	0.904
早材 Δa^*	$y_2=0.108x_1-0.003x_2-1.118x_3+0.013x_7-0.434x_9-0.414x_{12}-56.883x_{13}-0.372x_{14}-0.067x_{17}$ $+3.201x_{18}+0.615x_{19}-0.123x_{20}-1.008x_{21}+47.706$	0.832
早材 Δb^*	$y_3=-0.025x_1-0.021x_2+1.125x_3+0.002x_7+0.043x_9-0.856x_{12}-12.853x_{13}+0.229x_{14}+0.055x_{17}$ $-1.502x_{18}-1.041x_{19}-0.058x_{20}+1.94x_{21}-3.117$	0.767
早材 ΔE^*	$y_4=0.334x_1-0.015x_2+1.179x_3+0.032x_7+12.986x_9+1.496x_{12}-137.579x_{13}-1.493x_{14}-0.128x_{17}$ $-2.282x_{18}-0.316x_{19}-0.344x_{20}-4.475x_{21}+59.329$	0.916
晚材 ΔL^*	$y_5=-0.408x_1+0.019x_2-1.78x_3-0.015x_7-17.074x_9-1.364x_{12}+107.821x_{13}+1.272x_{14}+0.085x_{17}$ $+8.739x_{18}+0.437x_{19}+0.216x_{20}+4.404x_{21}-46.686$	0.918
晚材 Δa^*	$y_6=0.034x_1-0.012x_2+1.51x_3+0.014x_7-8.135x_9+1.335x_{12}-87.531x_{13}+0.322x_{14}-0.032x_{17}$ $-1.805x_{18}-0.526x_{19}-0.294x_{20}-0.557x_{21}+28.42$	0.75

因变量	回归方程式	复相关系数
晚材 Δb^*	$y_7=-0.097x_1-0.006x_2-0.501x_3-0.006x_7-1.518x_9-0.052x_{12}+22.861x_{13}+0.701x_{14}+0.059x_{17}$ $+2.643x_{18}+0.563x_{19}+0.004x_{20}+0.162x_{21}-1.758$	0.799
晚材 ΔE^*	$y_8=0.37x_1-0.021x_2+2.396x_3+0.021x_7+10.05x_9+1.835x_{12}-139.11x_{13}-0.987x_{14}-0.095x_{17}$ $-8.565x_{18}+0.219x_{19}-0.339x_{20}-4.012x_{21}+54.803$	0.896

2. 解剖因子对染色效果贡献分析

表 5-12 所示为大青杨木材染色前后色度学变化参数与解剖因子的多元回归标准回归系数的比较，对比分析表内数据可知，对大青杨早材明度差(ΔL^*)、红绿轴色品指数差(Δa^*)、黄蓝轴色品指数差(Δb^*)、色差(ΔE^*)贡献最大的为早材导管直径(x_1)、早材木纤维长度(x_7)和导管比量(x_{19})。对晚材明度差(ΔL^*)、红绿轴色品指数差(Δa^*)、黄蓝轴色品指数差(Δb^*)、色差(ΔE^*)贡献最大的为晚材导管长宽比(x_{12})、导管比量(x_{19})和木纤维比量(x_{20})。这表明影响大青杨木材染色效果的主要解剖因子是木材的早材导管直径、早材木纤维长度、导管比量、木纤维比量和木射线比量，也说明了大青杨木材的 3 种主要组成组织对木材染色效果有显著作用。

表 5-12　大青杨木材染色前后色度学变化参数与解剖因子的多元回归标准回归系数的比较

解剖因子	自变量	染色前后色度学变化参数							
		早材				晚材			
		ΔL^*	Δa^*	Δb^*	ΔE^*	ΔL^*	Δa^*	Δb^*	ΔE^*
早材导管弦向直径	x_1	−0.434	0.362	−0.152	0.46	−0.506	0.101	−0.455	0.453
早材导管长度	x_2	0.166	−0.072	−0.874	−0.136	0.155	−0.241	−0.197	−0.175
早材导管长宽比	x_3	−0.24	−0.298	0.55	0.129	−0.175	0.355	−0.187	0.233
早材木纤维长度	x_7	−0.661	0.728	0.168	0.725	−0.305	0.68	−0.492	0.417
早材木纤维壁腔比	x_9	−0.119	−0.008	0.001	0.098	−0.116	−0.132	−0.039	0.067
晚材导管长宽比	x_{12}	−0.26	−0.14	−0.532	0.208	−0.171	0.4	−0.425	0.227
晚材导管壁腔比	x_{13}	0.141	−0.154	−0.064	−0.153	0.108	−0.209	0.087	−0.137
晚材木纤维直径	x_{14}	0.335	−0.205	0.232	−0.339	0.26	0.158	0.544	−0.259
晚材木纤维长宽比	x_{17}	0.202	−0.33	0.496	−0.26	0.155	−0.14	0.407	−0.172
晚材木纤维壁腔比	x_{18}	0.111	0.172	−0.148	−0.05	0.173	−0.086	0.199	−0.168
导管比量	x_{19}	0.783	0.615	−1.041	−0.316	0.437	−0.526	0.664	−0.394
木纤维比量	x_{20}	0.577	−0.158	−0.623	−0.182	0.103	−0.335	0.537	−0.299
木射线比量	x_{21}	0.32	−0.482	0.643	−0.332	0.294	−0.089	0.041	−0.264

5.4.5　小结

本节选取了大青杨为研究对象，为确定影响木材染色效果的主要解剖因子，对木材解剖因子与染色效果的相关指标进行测定并对其进行多元回归分析，然后分析了木材解剖因子与染色效果间的相关性变化规律。得出以下结论：

(1) 通过对大青杨的木材解剖因子与染色效果做多元回归分析，得出大青杨木材的染色效果与木材解剖因子之间存在较高程度的相关，其各个染色效果指标间的复相关系数为 0.75～0.918。

(2) 采用比较多元回归分析的标准回归系数的方法，得到影响大青杨木材染色效果的主要解剖因子为木材的早材导管直径、早材木纤维长度、导管比量、木纤维比量和木射线比量。

5.5　水曲柳解剖构造对染色效果的影响

5.5.1　水曲柳边材的解剖构造特征

水曲柳属于阔叶环孔材，心边材区别明显。组成成分主要有木射线、导管、木纤维以及轴向薄壁组织细胞。由于轴向薄壁组织细胞所占细胞总组织比量的比例很小，所以在解剖构造中不作为单因素进行研究。如表 5-13 所示为水曲柳边材解剖因子数据表。

水曲柳边材的早材导管径向腔径、导管弦向腔径以及导管分布密度分别在 106～182μm、80～133μm、16.018～25.171 个/mm^2；木纤维的腔径、壁厚、直径、壁腔比、腔径比分别为 11.403～17.001μm、5.657～11.001μm、17.657～28.002μm、0.471%～0.794%、0.557%～0.680%。

水曲柳边材的组织比量中木纤维比量为 59.395%～69.788%，胞壁率为 38.190%～60.839%，导管比量为 24.840%～34.529%，木射线比量为 5.732%～9.071%。可见，木纤维为水曲柳边材的主要组成成分[24]。

表 5-13　水曲柳边材解剖因子数据表

木材解剖因子	第一组	第二组	第三组	第四组
早材导管径向腔径/μm	159.000	182.000	129.000	130.000
早材导管弦向腔径/μm	133.000	118.000	122.000	114.000
早材导管分布密度/(个/mm^2)	20.595	20.595	16.018	17.162
木纤维腔径/μm	17.001	14.681	12.361	12.787
木纤维壁厚/μm	11.001	8.008	7.400	6.057

续表

木材解剖因子	第一组	第二组	第三组	第四组
木纤维直径/μm	28.002	22.689	19.761	18.844
木纤维壁腔比/%	0.647	0.545	0.599	0.474
木纤维腔径比/%	0.607	0.647	0.626	0.679
木射线比量/%	6.143	6.076	6.839	7.197
木纤维比量/%	63.100	59.395	62.682	65.635
导管比量/%	30.757	34.529	30.479	27.168
胞壁率/%	38.190	52.504	39.124	40.592

木材解剖因子	第五组	第六组	第七组	第八组
早材导管径向腔径/μm	106.000	133.000	138.000	144.000
早材导管弦向腔径/μm	80.000	96.000	124.000	129.000
早材导管分布密度/(个/mm²)	20.595	22.883	21.739	25.171
木纤维腔径/μm	12.000	12.349	11.403	12.414
木纤维壁厚/μm	5.657	7.009	9.055	8.556
木纤维直径/μm	17.657	19.358	20.458	20.970
木纤维壁腔比/%	0.471	0.568	0.794	0.689
木纤维腔径比/%	0.680	0.638	0.557	0.592
木射线比量/%	6.012	9.071	5.372	5.716
木纤维比量/%	65.174	60.839	69.788	60.630
导管比量/%	28.814	30.090	24.840	33.654
胞壁率/%	41.942	49.999	60.839	45.021

5.5.2　染色前后水曲柳木材的色度学特征变化

　　将水曲柳边材试样加热至 90℃，然后保持恒温浸染，观察对比染色前后木材颜色，发现其产生了非常显著的变化。水曲柳边材染色前后色度学特征变化结果如表 5-14 所示。染色后明度值 L^* 大幅度下降(明度差 ΔL^* 均为负者)，降低幅度在−38.61～−31.24；红绿轴色品指数 a^* 变化较大，红绿轴色品指数差 Δa^* 变化在 27.82～34.07；黄蓝轴色品指数 b^* 变化很小，黄蓝轴色品指数差 Δb^* 为−12.10～−6.87；而染色前后的总体色差发生了很大的变化，色差 ΔE^* 变化范围为 44.59～51.69。由此可见，水曲柳素材颜色具有明度高、黄蓝轴色品指数较高、红绿轴色品指数很低的色度学特征，但染色后主要呈现的是明度显著降低，红绿轴色品指数增幅很高，而黄蓝轴色品指数变化不大的色度学特征，表明染色后主要呈现的是活性艳红 X-3B 染料的颜色[25]。

表 5-14　水曲柳边材染色前后色度学特征变化结果

处理	L^*	a^*	b^*	ΔL^*	Δa^*	Δb^*	ΔE^*
素材	67.16	6.99	19.50				
	65.28	7.07	19.81				
	62.71	7.78	21.97				
	69.02	6.54	18.82				
	63.41	8.11	22.46				
	63.70	7.96	20.37				
	63.56	7.70	19.75				
	65.78	6.69	19.36				
染色材	29.79	38.98	12.32				
	31.49	37.64	11.60				
	29.36	37.59	11.22				
	30.00	39.70	11.80				
	30.53	35.82	10.70				
	30.27	38.03	9.96				
	28.65	37.29	10.56				
	32.51	40.31	11.41				
染色前后				−37.17	32.11	−6.99	49.71
				−33.60	31.03	−8.03	46.30
				−31.24	30.78	−10.00	46.04
				−38.61	33.82	−7.26	51.69
				−33.17	27.82	−12.10	44.59
				−33.82	29.39	−11.70	46.17
				−35.00	29.81	−9.66	46.68
				−32.55	34.07	−6.87	47.98

5.5.3　水曲柳木材解剖因子与染色效果的相关分析

为了准确分析木材染色效果和解剖因子间的相关性且排除某些高度相关性因子对其他因子的掩盖作用，本节对水曲柳木材解剖性质之间的相关性进行了简单的相关分析，选择木材解剖因子中两两具有高度相关性的一部分，其余的则根据需要剔除。用染色木材的比色法评价水曲柳木材的染色效果。

1. 水曲柳木材解剖因子与染色效果的指标

自变量选择测定的水曲柳木材的木射线比量、木纤维比量、木纤维壁腔比、木纤维腔径比、导管比量等 12 个指标；因变量选择染色材色度学特征值 ΔL^*、Δa^*、Δb^*、ΔE^* 4 个指标，根据自变量与因变量关系来评价木材染色效果。如表 5-15 所示为木材解剖因子和染色效果指标及其符号与含义。

表 5-15 水曲柳木材解剖因子和染色效果符号与含义表

解剖因子	含义	染色效果指标	符号	含义
x_1	胞壁率	y_1	ΔL^*	明度
x_2	早材导管弦向腔径	y_2	Δa^*	红绿轴色品指数
x_3	早材导管径向腔径	y_3	Δb^*	黄蓝轴色品指数
x_4	早材导管分布密度	y_4	ΔE^*	色差
x_5	导管比量			
x_6	木纤维比量			
x_7	木纤维直径			
x_8	木纤维壁腔比			
x_9	木纤维壁厚			
x_{10}	木纤维腔径比			
x_{11}	木纤维腔径			
x_{12}	木射线比量			

2. 水曲柳解剖因子间的相关分析

相关系数是用于描述变量之间线性关系接近程度的定量指标，简单相关系数可用于描述两个变量之间线性相关的接近程度。由表 5-16 可知，水曲柳的 12 种解剖因子之间有一定的相关性，其中早材导管径向腔径(x_3)和木纤维腔径(x_{11})、导管比量(x_5)和木纤维比量(x_6)、木纤维直径(x_7)和木纤维腔径(x_{11})、木纤维壁腔比(x_8)和木纤维壁厚(x_9)、木纤维壁腔比(x_8)和木纤维腔径比(x_{10})、木纤维壁厚(x_9)和木纤维腔径(x_{11})之间的相关系数很高，分别为 0.7194、−0.9378、0.9090、0.7334、−0.9980、0.89678，绝对值均超过 0.700，表明这六对因子之间高度相关。鉴于这些指标之间的高度相关性，在进一步分析中，可以消除早材导管径向腔径、木纤维比量、木纤维直径、木纤维壁厚和木纤维腔径比，并且用木纤维直径、导管比量、木纤维腔径、木纤维腔径比来分析木材染色效果与解剖因子之间的相关性。

表 5-16　水曲柳木材解剖因子间的相关系数表

指标	x_1	x_2	x_3	x_4	x_5	x_6
x_1	1.0000					
x_2	0.0225	1.0000				
x_3	0.2659	0.6226	1.0000			
x_4	0.4437	0.0062	0.1826	1.0000		
x_5	−0.2252	0.1960	0.5816	0.2843	1.0000	
x_6	0.2645	−0.0458	−0.4769	−0.2252	−0.9378	1.0000
x_7	−0.3615	0.4273	0.6736	−0.0623	0.4448	−0.3844
x_8	0.5212	0.6477	0.2555	0.4408	−0.1566	0.2973
x_9	0.1256	0.7828	0.6242	0.3077	0.1785	−0.0302
x_{10}	−0.4991	−0.6667	−0.2882	−0.4475	0.1048	−0.2414
x_{11}	−0.1386	0.6641	0.7194	0.1298	0.3495	−0.2357
x_{12}	−0.1516	−0.3996	−0.2030	−0.1221	−0.0097	−0.3380

指标	x_7	x_8	x_9	x_{10}	x_{11}	x_{12}
x_7	1.0000					
x_8	−0.0622	1.0000				
x_9	0.6307	0.7334	1.0000			
x_{10}	0.0259	−0.9980	−0.7571	1.0000		
x_{11}	0.9090	0.3585	0.89678	−0.3919	1.0000	
x_{12}	−0.0987	−0.4318	−0.3952	0.4112	−0.2686	1.0000

3. 水曲柳木材染色效果与解剖因子的多元回归分析

可以使用多对多线性回归分析来研究一个或多个因变量对多个自变量的线性估计，并且可以获得多个自变量和一个或多个因变量之间影响程度的结果(偏相关系数)以及这些自变量和因变量之间全面相关性的结果(复杂相关系数和相关方程式)。

(1) 水曲柳木材染色效果与解剖因子的多对多线性回归分析。以水曲柳的 7 个木材解剖因子为自变量，对木材染色的染色效果即染色木材的 4 个色度学特征指标，进行了多对多线性回归分析，研究水曲柳及其木材的解剖因子和染色效果之间的内在联系。分析获得的结果可见表 5-17。水曲柳木材染色效果的四个指标与木材解剖因子高度相关，复相关系数为 0.5287～0.7991，表明水曲柳染色前后的色度变化与其解剖因子之间有很强的相关性。

表 5-17　水曲柳染色材色度学参数与解剖因子的多对多回归结果

因变量	相关方程式	复相关系数
ΔL^*	$y_1=-0.05x_1-0.16x_2-0.64x_4+0.94x_5-0.70x_7-82.23x_8-0.20x_{12}+88.60$	0.6903
Δa^*	$y_2=-0.06x_1+0.23x_2+0.58x_4-0.21x_5-0.52x_7+71.31x_8+0.15x_{12}-74.78$	0.7964
Δb^*	$y_3=0.02x_1+0.19x_2+0.45x_4-0.19x_5-0.03x_7+61.00x_8-0.29x_{12}-50.90$	0.5287
ΔE^*	$y_4=0.01x_1-0.05x_2+0.03x_4+0.26x_5-0.08x_7-0.58x_8-0.37x_{12}-19.2934$	0.7991

(2) 水曲柳木材解剖因子对染色效果贡献分析。水曲柳木材解剖因子有很多，需要找出决定分析染色效果的主要因子，即确定木材解剖因子对染色效果的贡献。为此，对解剖因子的多对多回归分析的标准回归系数及其对水曲柳的染色效果进行了讨论和分析。

标准回归系数是通过用参与回归分析的不同测量单位(不同维度)对原始数据进行标准化而获得的回归系数。该回归系数是标准回归系数，可用于比较自变量对因变量的贡献。标准回归系数的绝对值很大，并且它对因变量的贡献很大，也就是说，它对因变量的影响很大。

分析水曲柳木材染色材料的色度学特征和解剖因子的多元线性回归标准回归系数。从表 5-18 可以看到标准回归系数。对水曲柳染色材料的亮度(ΔL^*)影响较大的因子是早材导管弦向腔径(x_2)、早材导管分布密度(x_4)、导管比量(x_5)和木纤维腔径比(x_8)；对红绿轴色品指数(Δa^*)贡献较大的因子为早材导管弦向腔径(x_2)、早材导管分布密度(x_4)、木纤维腔径比(x_8)；对黄蓝轴色度指数(Δb^*)贡献较大的因子是早材导管弦向腔径(x_2)、早材导管分布密度(x_4)和木纤维腔径比(x_8)；对水曲柳木材染色材料的色差(ΔE^*)贡献较大的因子是早材导管弦向腔径(x_2)和导管比量(x_5)。结果表明，水曲柳早材导管弦向腔径(x_2)、早材导管分布密度(x_4)和木纤维腔径比(x_8)这三个因子对木材染色效果的影响最大，即影响水曲柳木材染色效果的解剖学因子主要是木材的早材导管弦向腔径、早材导管分布密度以及木纤维腔径比。该结果主要与染液在木材中的渗透性有关。染料在木材中的渗透具有各向异性，并且纵向渗透率远大于横向渗透率。在纵向渗透中，导管和木纤维细胞腔是主要的渗透通道，因此早材导管弦向腔径、早材导管分布密度以及木纤维腔径比决定了多少染料渗透到木材中，也决定了木材的染色效果。

表 5-18　水曲柳染色材色度学特征与解剖因子的多元回归标准回归系数的比较

解剖因子	自变量	染色前后色度学变化参数			
		ΔL^*	Δa^*	Δb^*	ΔE^*
胞壁率	x_1	−0.16513	−0.21868	0.00557	−0.10871
早材导管弦向腔径	x_2	−1.17639	1.91643	1.63361	0.83574

续表

解剖因子	自变量	染色前后色度学变化参数			
		ΔL^*	Δa^*	Δb^*	ΔE^*
早材导管分布密度	x_4	−0.76973	0.78897	0.63222	−0.08177
导管比量	x_5	1.22610	−0.31120	−0.29165	−0.77778
木纤维直径	x_7	−0.52577	−0.44036	−0.02933	0.14769
木纤维腔径比	x_8	−1.42716	1.39701	1.23057	0.02341
木射线比量	x_{12}	−0.09715	0.08318	−0.16277	0.41208

5.5.4　小结

(1) 对水曲柳木材染色效果与解剖因子间的多元回归分析表明，水曲柳木材的染色效果与解剖因子之间存在高度相关性。复相关系数为 0.5287~0.7991。

(2) 本节利用多对多回归分析方法，通过比较标准回归系数，确定影响水曲柳木材染色效果的主要解剖因子为早材导管弦向腔径、早材导管分布密度、木纤维腔径比。

参 考 文 献

[1] 崔永志, 刘镇波. 木材学实验指导书[M]. 哈尔滨: 东北林业大学, 2005.

[2] 陆文达. 木材改性工艺学[M]. 哈尔滨: 东北林业大学出版社, 2003.

[3] 段新芳. 木材颜色调控技术[M]. 北京: 中国建材工业出版社, 2007.

[4] 赵清, 钱星雨, 闫小星, 等. 活性艳红染料对水曲柳染色优化研究[J]. 家具, 2017, 38(4): 12-16.

[5] 尹思慈. 木材学[M]. 北京: 中国林业出版社, 1996.

[6] 曹金珍. 木材保护剂分散体系及其液体渗透性研究概述[J]. 林业工程学报, 2019, 4(3): 1-9.

[7] 覃引鸾, 卢翠香, 李建章, 等. 不同处理方法改善桉木渗透性研究[J]. 林产工业, 2020, 57(4): 10-13, 24.

[8] 陈新义, 刘文金, 郝晓峰, 等. 高温蒸汽预处理梓木工艺研究[J]. 林产工业, 2015, 42(2): 44-46.

[9] Soares B A, Graziela Baptista V G, da Silva O J T, et al. Effect of planting spacing in production and permeability of heartwood and sapwood of eucalyptus wood[J]. Floresta e Ambiente, 2019, 26(1): 56-62.

[10] 董友明, 张世锋, 李建章. 木材细胞壁增强改性研究进展[J]. 林业工程学报, 2017, 2(4): 34-39.

[11] 翁翔, 周永东, 傅峰, 等. 微波处理木材微观构造变化及破坏机理研究进展[J]. 木材工业, 2020, 34(2): 24-28.

[12] 郭宇, 李超, 李英洁, 等. 木材细胞壁与木材力学性能和水分特性之间关系研究进展[J]. 林产工业, 2019, 46(8): 14-18.

[13] Nogueira R R, Tarcísio L S, de Ramos P E, et al. Wood permeability in *Eucalyptus grandis* and *Eucalyptus dunnii*[J]. Floresta e Ambiente, 2018, 25(1): e20150228.

[14] 王玉梅. 木竹材染色及其在产品设计中的应用[D]. 杭州: 浙江农林大学, 2017.

[15] 卢翠香, 江涛, 刘媛, 等. 桉树木材渗透性的影响因子及其改善方法的研究进展[J]. 西南林业大学学报(自然科学): 2017, 37(5): 214-220.

[16] Jin S S, Ryeong J P, Yeong H C, et al. Manufacture of rainbow-colored veneer by natural dyeing[J]. Journal of the Korea Furniture Society, 2015, 26(3): 286-290.

[17] Taghiyari H R, Hosseini G, Tarmian A, et al. Fluid flow in nanosilver-impregnated heat-treated beech wood in different mediums[J]. Applied Sciences, 2020, 10(6): 66-72.

[18] 平立娟, 刘君良, 王喜明. 高温高湿处理对樟子松脱脂率及微观结构的影响[J]. 木材工业, 2020, 34(4): 38-42, 47.

[19] 彭俊懿, 林巧, 石江涛. 樟子松木材组织染色研究[J]. 中南林业科技大学学报, 2020, 40(2): 88-94.

[20] 祁传磊, 靳春莲, 李开隆, 等. 不同倍性大青杨的光合特性及叶片解剖结构比较[J]. 植物生理学通讯, 2010, 46(9): 917-922.

[21] 付晓霞, 山昌林, 马立军, 等. 速生杨木单板染色技术的研究[J]. 木材加工机械, 2017, 28(6): 5-7.

[22] Yu S F, Liu Y, Li X J, et al. Studies on poplar veneer dyeing with reactive yellow dyes[J]. Advanced Materials Research, 2014, 1049-1050: 118-122.

[23] 任丽丽. 大青杨木材制备工艺品仿珍木的永久变形与表面烫蜡性能研究[D]. 哈尔滨: 东北林业大学, 2017.

[24] 王晓钰, 陈丹萍, 徐光照, 等. 不同生态环境下水曲柳的解剖结构差异分析[J]. 安徽农业科学, 2017, 45(21): 1-3, 8.

[25] 尹太玉, 闫小星. 活性黑色染料对水曲柳上的染色优化研究[J]. 家具, 2020, 41(1): 10-13, 49.

第6章 木材仿珍染色计算机配色技术的研究

现有的木材染色的配色中普遍以色彩合成与颜色混合理论为基础,采用人工配色,其对配色人员的素质要求高,既费时又难以适应现代工业生产的要求,且成本高、准确性差。随着人们对木材染色需求的增加,在确定工艺的情况下,将计算机配色方法用于木材染色中加快染料配方生成的速度,将极大地提高工作效率,节约成本。本节采用人工林樟子松和大青杨为研究对象,以第4章得出的染色工艺为基础,利用计算机配色技术中的三刺激值法及 Kubelka-Munk 理论为依据,对仿珍染料配方进行调配,得到预测配方,探索适合木材染色中计算机配色的方法。

6.1 计算机配色国内外研究现状及发展趋势

6.1.1 计算机配色国内外研究现状

20 世纪 30 年代是计算机色彩匹配的基础阶段。当时,CIE 创建了三刺激值色彩系统,哈代制造了一种自动记录反射率的分光光度计,Kubelka-Munk 发表了光在不透明的介质中被吸收并散射的理论。20 世纪 40 年代是计算机色彩匹配的萌芽阶段[1,2]。1943 年,美国氰胺公司的 Parker 和 Stearns 发表了著名论文,指出可以将各种染料吸收光学特性独立地代入这些染料的染色结果中。20 世纪 50 年代是计算机色彩匹配的最初时间。1958 年,由 Davidson 和 Hamming-dingzhe 在美国 Sherwing-Willams 开发并安装第一台计算机配色软件(COMIC)[3,4]。20 世纪 60 年代,计算机色彩匹配技术兴起。1963 年,两家大型染料公司,即美国氰胺公司和英国帝国化学工业集团(ICI),相继宣布他们可以将数学计算机用作客户的颜色匹配服务,这成为计算机颜色匹配历史上的一个里程碑[5-7]。20 世纪 60 年代后期,日本住友公司通过努力推出了自己的配色系统。到 20 世纪 70 年代,基于 Kubelka-Munk 理论的计算机色彩匹配算法已经相当成熟并占据了主导地位。20 世纪 70 年代也是计算机色彩匹配从高潮到低潮的转折时期[8,9]。主要原因是人们对计算机色彩匹配的要求过高。20 世纪 80 年代,计算机色彩匹配技术得到了一定程度的发展[10-12]。在 20 世纪 80 年代初期,汽巴嘉基公司研究的基于 Chandrasekhar 辐射透射方程的新型计算机色彩匹配方法曾一度突然出现,尽管效果很好，但并没有动摇基于传统 Kubelka-Munk 理论的色彩匹配算法的主导地位。自 20 世纪 90 年代以来，计算机色彩匹配系统已在国外的染色过程中广泛使用[13-15]。近年来，一些人使用模糊数学来实现色彩匹配的效果显著改善；另一些人使用线性规划方法进行公式计算，颜色匹配效果得到了一定程度的提高[16]。

如今，外国色彩匹配主要代表系统为 Datacolor。最新发展主要是色彩匹配软件的智能化。一方面，它使配色系统具有学习记忆功能。它可以记录各种配方的实际染色结果信息，然后随时为新计算的配方提供校正系数。另一方面，色彩匹配软件逐渐与印染厂或其他与着色处理有关的工厂整个生产过程的软件解决方案结合在一起，即 Smartmatch 智能色彩匹配技术。通过平时积累的生产经验，配色系统可以给出实验室的智能配方和适合大规模生产的智能配方。Datacolor 色彩测量和匹配系统还着重于染料基本数据的处理方法，不同批次的染料之间的质量差异，由在染色过程中染料成分之间的相互作用引起的染色行为的校正，以及混纺织物的颜色匹配等问题的全面处理，还详细考虑了参数，如预设染料颜色匹配的限制以及质量管理误差的可配置间隔。从某种意义上说，Datacolor 计算机的色彩匹配技术已经比较成熟[17]。

尽管中国学者在计算机的色彩匹配领域起步较晚，但他们同样已经取得了一定的成果。1998 年，陈遵田等提出了"四刺激值"匹配的配色思路，提到在 CIE 标准照明状态 D65 光源下三刺激值匹配的两个对象匹配。如果两者在可见光谱区域的反射率不完全相同，则在标准照明状态 A 光源下转换为色彩空间时，两个对象之间沿三刺激值的 X 方向的差大于沿 Y 方向和 Z 方向的差。如果在照明状态 D65 光源下颜色匹配样本和标准样本的三色刺激值和在照明状态 A 光源下 X 刺激的三色刺激值可以同时匹配，则颜色匹配样本和标准样本在照明状态 A 光源下的 Y 和 Z 刺激值也可以匹配。因此，可以应用状态 D65 光源下的三个刺激值$(X，Y，Z)$和照明源 A 的三个刺激值(X')构成广义上的二维刺激向量，所以标准样品 S 和颜色处方在四个刺激值上相等。与此同时，黑龙江八一农垦大学的王乐新提出了平均色差的计算机色彩匹配。即根据三刺激值的颜色匹配方法，在 A 光源和 D65 光源下照明色差的平方和分别达到最小值，从而使色差更加平均[18]。在对全光谱颜色匹配的反射率曲线进行匹配的迭代算法中，西安工程技术大学的常伟和赵振和提议使用三次 B 样条拟合曲线来修改曲线，即对于一定浓度的 K/S 值，使用三次 B 样条拟合曲线求出一定浓度的 K/S 值。在配色技术的研究中，最小二乘法也用于拟合曲线。中国科学院长春光学精密机械与物理研究所的王锡昌和周凤坤等针对等距波长的三刺激色匹配和全光谱色匹配问题发表文章指出，在不同波长下，人们感知的色差不一样。在某些波长下，反射率变化不大，但会产生较大的色差。在某些波长下，反射率变化很大，但产生的色差很小。他们提出了一些改进措施：

(1) 在全光谱匹配方法中建立适当的加权因子。使用较大的加权因子聚焦在某些波长上，使用较小的加权因子聚焦在这些波长上；建议在统一的色彩空间中建立一个新的权重因子，而不是使用传统的全光谱 Schmid 和 Strockash 设计的两个权重因子来减少色差。

(2) 三波段法计算机配色。此方法的原理是基于人类视觉的特征，标准观察者三刺激值的最大值落在可见光范围的红色、绿色和蓝色区域中，并且可见光范围的光谱被划分在三个波段中，根据三刺激值方法进行色彩匹配，同时采用最小二乘法对三个波段上的色差进行优化。

(3) 为了实现选择波长法配色的进一步深化发展，提出了一种敏感波段的计算机配色方法。该方法基于比色理论建立了物体的颜色敏感度函数，可以确定最大敏感波长点、最大敏感波长点的中心位置以及敏感波数。配色系统在达到相同配色效果的同时节省了时间。

根据目前的研究现状，计算机配色一直限于色彩匹配过程，引入了大量的近似假设，计算过程复杂。近年，陆长得等将前馈后馈(BP)神经元网络引入计算机配色中，并对算法进行了一定的改进，计算机配色模型有了突破进展，并在除配色领域得到了应用，效果良好，初步实现了计算机配色的智能化。

从上面的论述中可以发现，计算机配色技术的发展有以下趋势：

(1) 对于计算机配色技术的改进，已经从最初的硬件改进向模型改进方向发展。起初，人们依靠计算机的发展来满足计算机的各种应用程序，但是后来人们意识到，即使计算机的速度提高了 10 倍，一些计算仍然难以达到预期的效果。计算机配色技术也同样经历了这一历程，现代人们更多的是从算法和模型本身对其进行改进[19-21]。

(2) 计算机配色技术的标准从三刺激值匹配向光谱匹配的方向发展。人们逐渐意识到计算机不仅对颜色本身可以进行很好的处理，对于波的处理效果也很理想，那么将目标趋近于全光谱匹配的理想将不断驱使人们对模型进行突破[22]。

(3) 计算机配色从传统的 K/S 值向智能配色方向发展。随着人们对于配色要求的不断提高，希望其模型不仅能提供已用颜色的精准配方，还希望配色系统能根据人们的要求生成新的配方，人工智能算法的应用是目前计算机配色的一个重要发展方向[23]。

6.1.2　木材染色计算机配色研究现状及发展趋势

虽然此项研究成果还不是很多，但我国学者走在了世界的前列。武林、于志明于 2006 年发表的《计算机配色技术应用于木材染色初探》，介绍了计算机测配色系统的原理，研究了木材染色基本数据库的建立方法，提出了注意措施，分析了自动配色过程中色差产生的原因及解决方法[16]。此课题组于 2007 年发表

《计算机配色技术在木材连缸染色中的应用研究》，提出为了解决木材染色过程中染色废水的污染问题，实现木材连缸染色，采用光谱光度仪(瑞士 Datacolor 公司)测量染色残液吸收光谱数据，从而计算各染料的补投量[17]。李春生、王金林、王志同、曲芳等于 2006 年发表的《木材染色用计算机配色技术》，提议引进瑞士 Datacolor 公司的 DC 色彩匹配系统和色彩控制系统，根据木材染色的特点，开发了一种用于木材染色的计算机配色方法和技术。配色流程包括木材试样颜色的测定、染色组的确定、基础色样的制备及测定、数据库的建立、配方的计算和修正等。该论文强调：此方法计算速度快、准确度高，能够在保证配色精度的同时，计算出最经济的木材染色方案[19]。

从以上的论述可以看出，木材染色计算机配色技术刚刚起步，借用纺织染色软件进行配色，对于不精确的部分采取闭环系统和改进数据库的方法进行解决，与之前的人工配色相比，提高了配色效率和精度。

但我们也意识到，这些改进对于木材这个特定的生物质材料本身的性质都没有考虑。原有的软件无法考虑工艺和环境的要求，也无法考虑各种染料的特性(酸性、碱性、活性)以及与木材发生的复杂的物理化学变化，更没有预测的功能，达不到智能的要求。

6.2　基于软件的计算机配色技术

6.2.1　仪器

DF-110 光谱光度仪(瑞士 Datacolor 公司)：测量范围 400～700nm，128 个测量点，波长间隔 3nm。FA/JA 系列上皿电子天平 FA-1004 型(上海天平仪器厂)：称量范围 0～100g，读数精度 0.1mg。DK-98-Ⅰ型电子恒温水浴锅(天津市泰斯特仪器有限公司)：控温范围 37～100℃。

6.2.2　方法与过程

1. 染液的配制

如表 6-1 所示为每种染料的 12 个浓度水平。

表 6-1　染液浓度水平

水平	1	2	3	4	5	6	7	8	9	10	11	12
浓度/%	0.005	0.015	0.025	0.05	0.1	0.15	0.2	0.25	0.3	0.4	0.5	0.55

2. 溶液透射测量

由于分光光度计在溶液光密度值为 0.2~0.8 时，测量精度更高，所以在测量过程中应按一定比例稀释原始溶液，并通过连续测试或根据经验选择最佳稀释倍数。由于每种染料的光学特性不同，因此最佳稀释倍数也不同。

3. 空白试件测量

将试件染色之前，应先测得空白试件的颜色值。染色后的基本数据——颜色样本的颜色由两部分组成：快速生长的杨木单板本身的颜色和染料的颜色。用于颜色匹配的染料的基本数据反映了用于建立数据库的染料的颜色特征。

4. 试件染色

用于建立数据库的试件的染色过程条件应与实际生产过程条件相同。试验工艺参数为浴比 1∶10，温度 85℃，染色时间 4h，恒温水浴染色。

5. 样品颜色测量

染色产生的基本色样品是通过比色分光光度计在可见光谱范围内测量 12 个浓度水平的单色染料样品的反射值数据 $R(\lambda)$，并将其自动输入计算机进行存储和转换(K/S)，为建立颜色匹配数据库做准备。

6. 保存基础染料信息

样品颜色测量完成后，将在计算机中保存 12 种独立的颜色信息。使用计算机颜色匹配软件中的基本数据功能将 12 种独立的颜色信息汇总为染料的染色信息，并添加详细信息(如染料名称和单价)以完成染料基本数据的建立。使用相同的方法建立其他染料的基本数据信息。所有染料的基本数据信息构成了染料的基本数据库，这是木材染色计算机进行颜色匹配的基础。测试过程的流程图如图 6-1 所示。

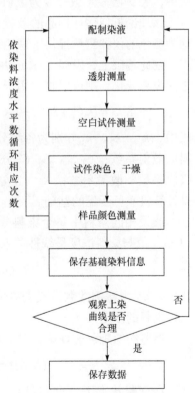

图 6-1　试验工艺流程图

6.3　基于三刺激值的计算机配色技术

6.3.1　Kubelka-Munk 理论

当照明光投射到不透明的基板(木材)上时，除了少量的镜面反射外，大部分光线都投射在基板上，从而导致光的吸收和散射。染料引起光吸收，并且不同染料对光谱吸收的选择性导致显示不同的颜色。染料的浓度越高，吸收越强，反射光越少，因此染料的浓度与反射率之间存在一定的关系。但是，该关系远比溶液中染料的浓度与透射率之间的关系复杂。在此基础上，Kubelka 和 Munk 总结了 Kubelka-Munk 理论：

$$(K/S)_\lambda = [1 - R(\lambda)]^2 / 2R(\lambda) \tag{6-1}$$

式中，K 为吸收系数；S 为散射系数；λ 为波长；$R(\lambda)$ 为波长 λ 下的反射率。

该理论近似估计样品的吸收系数、散射系数和光谱反射率之间的函数关系。这为颜色的仪器测量提供了理论基础。

在此基础上，发展了 Kubelka-Munk 理论。如果假设混合几种染料时，染料之间没有变化，则可以将应用于多种颜色混合的颜色匹配方程式重写为

$$K/S = (k_1C_1 + k_2C_2 + k_3C_3 + \cdots + k_0) / (s_1C_1 + s_2C_2 + s_3C_3 + \cdots + s_0) \tag{6-2}$$

式中，k_1、k_2、k_3 分别为各组分染料的吸收系数；s_1、s_2、s_3 分别为各组分染料的散射系数；C_1、C_2、C_3 分别为各组分染料的浓度；k_0、s_0 分别为基质的吸收系数和散射系数；K、S 分别是染色基质的吸收系数和散射系数。此公式是计算机颜色匹配的基础。

假设相同染料中每个染料分子的吸收系数和散射系数相同，则单色染料的 $(K/S)_\lambda$ 值与染料浓度呈线性关系

$$(K/S)_{\text{单色染料}\lambda} = \Phi_\lambda C_i \tag{6-3}$$

式中，Φ_λ 为比例常数，代表单位浓度的单色染料染样所具有的 (K/S) 值；C_i 代表该染料的浓度。

借鉴纺织染色的理论，对于木材染色而言，有下列等式成立

$$(K/S)_\lambda = (K/S)_{\text{木材}\lambda} + (K/S)_{\text{染料}\lambda} \tag{6-4}$$

在理想状态下，即当染色木材的种类和特性与木材相同时，$(K/S)_\lambda$ 仅与 $(K/S)_{\text{染料}\lambda}$ 有关。由于染料的颜色匹配可以通过单一常数方法完成，即 $(K/S)_\lambda$ 可以计算为单一值，因此存在

$$(K/S)_\lambda = (K/S)_{木材\lambda} + \sum_{i=1}^{n} \Phi_\lambda C_i \tag{6-5}$$

式中，n 为染料的数目。

6.3.2　三刺激值计算机配色原理

三刺激值的匹配方法也称 Allen 颜色匹配方法。具体方法是：首先选择几种不同的颜色进行配色，通常使用三种染料(本研究中使用红色、黄色和蓝色三种颜色的活性染料进行配色)。定义以下向量和矩阵：

$$\boldsymbol{t} = \begin{bmatrix} X \\ Y \\ Z \end{bmatrix} \quad \boldsymbol{T} = \begin{bmatrix} \overline{x}_{400} & \overline{x}_{420} & \cdots & \overline{x}_{700} \\ \overline{y}_{400} & \overline{y}_{420} & \cdots & \overline{y}_{700} \\ \overline{z}_{400} & \overline{z}_{420} & \cdots & \overline{z}_{700} \end{bmatrix} \quad \boldsymbol{E} = \begin{bmatrix} E_{400} & 0 & \cdots & 0 \\ 0 & E_{420} & \cdots & 0 \\ \vdots & \vdots & & \vdots \\ 0 & 0 & \cdots & E_{700} \end{bmatrix}$$

$$\boldsymbol{r}^{(s)} = \begin{bmatrix} R^{s}_{400} \\ R^{s}_{420} \\ \vdots \\ R^{s}_{700} \end{bmatrix} \quad \boldsymbol{r}^{(m)} = \begin{bmatrix} R^{m}_{400} \\ R^{m}_{420} \\ \vdots \\ R^{m}_{700} \end{bmatrix}$$

式中，$\boldsymbol{t}$ 为目标珍贵木材的三刺激值矢量；$\boldsymbol{T}$ 为 CIE1964 标准观察者三刺激值函数的矩阵；$\boldsymbol{E}$ 代表 CIE 标准光源 D65 的相对光谱分布函数的矩阵；R 为光谱反射率，下标标记波长，单位为 nm；$\boldsymbol{r}^{(s)}$ 为目标珍贵木材的光谱反射率矢量；$\boldsymbol{r}^{(m)}$ 为色彩匹配和染色后的贴面的光谱反射率矢量。三刺激值匹配方法的目的是使单板的颜色匹配和染色后的三刺激值与目标珍贵木材的三刺激值相同。即可导出式(6-6)：

$$\boldsymbol{TE}\left[\boldsymbol{r}^{(s)} - \boldsymbol{r}^{(m)} \right] = 0 \tag{6-6}$$

再定义矢量和矩阵：

$$\boldsymbol{f} = \begin{bmatrix} (K/S)_{400} \\ (K/S)_{420} \\ \vdots \\ (K/S)_{700} \end{bmatrix} \quad \boldsymbol{D} = \begin{bmatrix} d_{400} & 0 & \cdots & 0 \\ 0 & d_{420} & \cdots & 0 \\ \vdots & \vdots & & \vdots \\ 0 & 0 & \cdots & d_{700} \end{bmatrix} \quad \boldsymbol{C} = \begin{bmatrix} C_1 \\ C_2 \\ C_3 \end{bmatrix}$$

$$\boldsymbol{\Phi} = \begin{bmatrix} (K/S)^1_{400} & (K/S)^2_{400} & (K/S)^3_{400} \\ (K/S)^1_{420} & (K/S)^2_{420} & (K/S)^3_{420} \\ \vdots & \vdots & \vdots \\ (K/S)^1_{700} & (K/S)^2_{700} & (K/S)^3_{700} \end{bmatrix}$$

式中，$d_i = -\dfrac{2R_i^2}{1-R_i^2}$ (i=400nm, 420nm, …, 700nm)；C 为配色染料浓度的矢量(1、2、3 分别表示使用的三种染料)。根据这些矢量和矩阵，便推导出配色染料所需的浓度计算公式

$$C = (TED\Phi)^{-1} TED \left[f^{(s)} - f^{(t)} \right] \tag{6-7}$$

素材与目标表面三刺激值的差值用 Δt 表示，根据式(6-7)可推导式(6-8)和式(6-9)，从而调整配方浓度，使之达到更好的效果。

$$\Delta C = \left[TED\Phi \right]^{-1} \Delta t \tag{6-8}$$

$$C^* = C + \Delta C \tag{6-9}$$

6.4　仿珍染色试验设计

为实现上述颜色匹配计算过程，需要获得众多表征目标珍贵木材和染色饰面的比色指数数据，如目标珍贵木材的三刺激值、表面反射率和 K/S 值。在执行色彩匹配计算之前，需要对这些数据进行测量、收集和计算。

6.4.1　珍贵木材三刺激值及反射率的测定

(1) 试验材料：选择木材标本室中两种珍贵树种鸡翅木和花梨木的标本样品。

(2) 试验方法及结果：使用自动分光光度计测量两种珍贵树种表面的三刺激值 X、Y 和 Z，并测量每种树种表面上三个点的三刺激值，求出平均值，然后使用此平均值用作树种木材的三刺激值数据，并记录下来以备将来使用。测量和计算结果如表 6-2 所示。

表 6-2　珍贵树种表面三刺激值测定

三刺激值	树种			
	鸡翅木(早材)	鸡翅木(晚材)	花梨木(早材)	花梨木(晚材)
X	7.91	5.26	12.63	10.64
Y	7.58	4.95	11.16	9.33
Z	5.33	3.92	6.23	5.49

珍贵树种表面的三刺激值是单板染色模拟中最重要的色度指标。有了它，模仿目标的颜色将从印象变为定量指标，从而为计算机配色奠定基础。

使用自动分光光度计测量两种珍贵树种表面的光谱反射率 R。在每种树种的表面上选择三个点，并测量该点处每个波长的反射率(波长间隔为 20nm，范围为 400~700nm)，并求出每个波长处这三个点的平均反射率，然后使用该系列平均值作为树种在不同波长处的反射率数据，并记录下来以备将来使用。测量结果如表 6-3 所示。

表 6-3　珍贵木材表面反射率测定

波长/nm	反射率			
	鸡翅木(早材)	鸡翅木(晚材)	花梨木(早材)	花梨木(晚材)
400	0.047567	0.041233	0.055800	0.052767
420	0.050500	0.042000	0.057367	0.053600
440	0.053800	0.042833	0.059367	0.054700
460	0.058333	0.044300	0.062267	0.056567
480	0.062633	0.046333	0.065033	0.058900
500	0.066967	0.049567	0.070900	0.064567
520	0.070067	0.050867	0.079467	0.071333
540	0.074533	0.053500	0.091867	0.082333
560	0.083667	0.059700	0.114600	0.101600
580	0.092700	0.064867	0.142333	0.122500
600	0.107300	0.075400	0.174767	0.149433
620	0.130233	0.093500	0.213233	0.182133
640	0.157467	0.115567	0.248667	0.210433
660	0.187100	0.140300	0.277867	0.232200
680	0.194233	0.146067	0.287467	0.239967
700	0.195700	0.146967	0.290000	0.242233

6.4.2　杨木单板反射率的测定

选择一组(10 张照片)颜色均匀的杨木单板，并目视观察色差以确定三刺激值和反射率。使用自动分光光度计测量每个单板表面的光谱反射率 R，选择该表面上的三个点，然后求出该三个点在逐个波长处的反射率平均值，然后找到 10 个单板。逐个波长处的反射率平均值用作杨木单板的逐波长反射率数据，并记录下来以备将来使用。测量结果如表 6-4 所示。

表 6-4　杨木单板表面反射率测定

波长/nm	400	420	440	460	480	500	520	540
反射率	0.38448	0.42197	0.46434	0.52237	0.57775	0.62096	0.38448	0.42197
波长/nm	560	580	600	620	640	660	680	700
反射率	0.71111	0.72743	0.74665	0.76677	0.77807	0.77902	0.71111	0.72743

6.4.3　单一染料染色杨木单板反射率的测定

(1) 染料与助剂：染料采用活性艳红 X-3B、活性黄 X-R、活性蓝 X-R。

活性黄 X-R(reactive yellow X-R)：性状为深黄色粉末，在水中溶解度(50℃)为 40g/L。水溶液呈黄色，耐碱性水解，不耐酸性水解。分子式为 $C_{20}H_{12}Cl_2N_6O_6S_2 \cdot 2Na$，相对分子质量为 613.357，结构式为

活性蓝 X-R(reactive blue X-R)：性状为深蓝色粉末，水溶液为蓝色，溶解度(20℃)为 60g/L，分子式为 $C_{23}H_{10}Cl_2N_8O_{12}S_3 \cdot Cu \cdot 3Na$，相对分子质量为 889.97，结构式为

助剂：渗透剂(JFC)2g/L、促染剂(NaCl)25g/L、固色剂(Na_2CO_3)20g/L。

(2) 试验方法及结果：采用上述定义的最佳杨木单板染色技术，使用质量浓度为 15g/L 的活性艳红 X-3B、活性黄 X-R 和活性蓝 X-R 三种染料，对一组(10张)染料进行染色单板。单板干燥后，使用全自动分光光度计测量每个胶合板表面的光谱反射率，选择表面上的三个点，然后求出每张板在每个波长下三个点的反射率的平均值。将这一系列平均值用作杨木单板的逐波长反射率数据，并记录下来以备将来使用。测量结果如表 6-5 所示。

表 6-5　杨木单板单色染色表面反射率测定

波长/nm	反射率		
	红色单板	黄色单板	蓝色单板
400	0.029590	0.020847	0.038340
420	0.027173	0.020660	0.047907
440	0.023847	0.021993	0.057287
460	0.019939	0.023397	0.065230
480	0.016153	0.022057	0.061803
500	0.015097	0.035107	0.044520
520	0.011347	0.066867	0.032810
540	0.019287	0.133090	0.027453
560	0.022950	0.247797	0.024660
580	0.014350	0.362307	0.022090
600	0.056040	0.434953	0.021527
620	0.155037	0.503190	0.022387
640	0.280070	0.554097	0.023350
660	0.427923	0.583390	0.024680
680	0.458773	0.598157	0.024850
700	0.470570	0.601057	0.025900

6.4.4　计算机配色及仿珍染色试验

$$(K/S)_\lambda = \left[1 - R(\lambda)\right]^2 / 2R(\lambda) \tag{6-1}$$

$$K/S = (k_1C_1 + k_2C_2 + k_3C_3 + \cdots + k_0)/(s_1C_1 + s_2C_2 + s_3C_3 + \cdots + s_0) \tag{6-2}$$

$$\begin{cases} X = k\sum S(\lambda)\tau_1(\lambda)\tau_2(\lambda)x(\lambda)\Delta\lambda \\ Y = k\sum S(\lambda)\tau_1(\lambda)\tau_2(\lambda)x(\lambda)\Delta\lambda \\ Z = k\sum S(\lambda)\tau_1(\lambda)\tau_2(\lambda)x(\lambda)\Delta\lambda \end{cases} \tag{6-10}$$

$$\boldsymbol{TE}\left[\boldsymbol{r}^{(s)} - \boldsymbol{r}^{(m)}\right] = 0 \tag{6-6}$$

$$\boldsymbol{C} = (\boldsymbol{TED\Phi})^{-1}\boldsymbol{TED}\left[\boldsymbol{f}^{(s)} - \boldsymbol{f}^{(t)}\right] \tag{6-7}$$

使用之前测量和收集的基本颜色匹配数据，使用计算机计算并确定公式中的相关数据，式(6-7)用于计算三刺激值法的染料浓度，最后计算出各自所需染料的浓度，以获得仿染的染料配比。利用该染料配比，通过染色制备单板仿染的实际产品，实现了单板仿染的全过程。

1. 配色参数的查询和计算

(1) 查找有关文献，从中查询 CIE1964 标准观察者三刺激值和 CIE 标准光源 D65 的相对光谱分布，并以此确定式(6-7)中的矩阵 **T** 和 **E**。查询的结果见表 6-6。

表 6-6　矩阵 **T** 中的各三刺激值和 **E** 中标准光源的相对光谱分布

波长/nm	CIE1964 标准观察者三刺激值			E
	$\bar{x}$	$\bar{y}$	$\bar{z}$	
400	0.0191	0.0020	0.0860	82.8
420	0.2045	0.0214	0.9725	93.4
440	0.3837	0.0621	1.9673	104.9
460	0.3023	0.1282	1.7454	117.8
480	0.0805	0.2536	0.7721	115.9
500	0.0038	0.4608	0.2185	109.4
520	0.1177	0.7618	0.0607	104.8
540	0.3768	0.9620	0.0137	104.4
560	0.7052	0.9973	0	100
580	1.0142	0.8689	0	95.8
600	1.1240	0.6583	0	90
620	0.8563	0.3981	0	87.7
640	0.4316	0.1798	0	83.7
660	0.1526	0.0603	0	80.2
680	0.0409	0.0159	0	78.3
700	0.0096	0.0037	0	71.6

(2) 根据公式 $d_i = -\dfrac{2R_i^2}{1-R_i^2}$ (*i*=400nm, 420 nm, ⋯, 700nm)，计算各珍贵树种木材的逐波长处的 *d* 值，并确定矩阵 **D**。计算结果见表 6-7。

表 6-7 珍贵木材 *d* 值的计算结果

波长/nm	*d* 值			
	鸡翅木(早材)	鸡翅木(晚材)	花梨木(早材)	花梨木(晚材)
400	−0.004535	−0.003406	−0.006247	−0.005584
420	−0.005114	−0.003534	−0.006604	−0.005762
440	−0.005806	−0.003676	−0.007074	−0.006002
460	−0.006829	−0.003933	−0.007784	−0.006420
480	−0.007877	−0.004303	−0.008495	−0.006963
500	−0.009009	−0.004926	−0.010104	−0.008373
520	−0.009867	−0.005188	−0.012710	−0.010229
540	−0.011173	−0.005741	−0.017023	−0.013650
560	−0.014099	−0.007154	−0.026616	−0.020860
580	−0.017336	−0.008451	−0.041355	−0.030470
600	−0.023295	−0.011435	−0.063011	−0.045681
620	−0.034507	−0.017639	−0.095269	−0.068621
640	−0.050852	−0.027073	−0.131821	−0.092668
660	−0.072553	−0.040159	−0.167340	−0.113979
680	−0.078411	−0.043601	−0.180162	−0.122205
700	−0.079647	−0.044152	−0.183645	−0.124669

(3) 根据式(6-1)分别计算珍贵树种、杨木单板和红、黄、蓝单色染色单板表面的 *K/S* 值，并确定矩阵 **Φ**，以及矢量 **f**$^{(s)}$、**f**$^{(t)}$。计算结果见表 6-8。

表 6-8 *K/S* 值的计算结果

波长/nm	*K/S* 值							
	鸡翅木(早材)	鸡翅木(晚材)	花梨木(早材)	花梨木(晚材)	杨木单板	红色染色杨木单板	黄色染色杨木单板	蓝色染色杨木单板
400	9.535346	11.146728	7.988473	8.502062	0.492707	12.883809	13.451500	15.365846
420	8.926240	10.925762	7.744546	8.355158	0.395893	13.871257	18.759895	11.729380
440	8.320580	10.694568	7.451918	8.168118	0.308961	15.440976	23.305722	9.444999
460	7.600595	10.308832	7.061112	7.867411	0.218361	18.228998	20.252212	8.069241

续表

波长/nm	K/S 值							
	鸡翅木 (早材)	鸡翅木 (晚材)	花梨木 (早材)	花梨木 (晚材)	杨木单板	红色染色 杨木单板	黄色染色 杨木单板	蓝色染色 杨木单板
480	7.014286	9.814534	6.720882	7.518414	0.154306	21.717640	10.500201	8.539218
500	6.499885	9.112208	6.087636	6.776217	0.115687	23.048862	4.142805	12.459460
520	6.171094	8.855053	5.331680	6.045012	0.093477	28.010940	1.466831	16.460248
540	5.745675	8.372544	4.488604	5.114041	0.078402	21.312727	0.724695	20.270263
560	5.017929	7.405059	3.420302	3.972060	0.058682	21.057195	0.520162	25.408625
580	4.440093	6.740553	2.584047	3.142883	0.051065	29.056397	0.370542	26.451481
600	3.713482	5.669000	1.948341	2.420690	0.042982	6.915658	0.316808	28.316854
620	2.904380	4.394344	1.451466	1.836308	0.035472	1.944010	0.282570	30.025430
640	2.254009	3.384290	1.135057	1.481266	0.031651	0.717349	0.234483	27.711351
660	1.765918	2.633942	0.938358	1.269416	0.031342	0.250300	0.187507	22.865442
680	1.671340	2.496128	0.883065	1.203606	0.029967	0.196924	0.175589	22.244961
700	1.652781	2.475615	0.869138	1.185242	0.029298	0.178873	0.184553	24.650776

2. 仿珍染色试验染料配比的确定

将通过查询确定并通过计算确定的函数矩阵和向量代入公式中，以确定三刺激值法(6-7)的染料浓度，并通过计算来计算染料浓度的近似比 C。将其代入式(6-1)和式(6-2)的推导公式中，以计算出被污染的饰面表面的预期光谱反射率分布；然后根据式(6-10)计算出单板表面的预期三刺激值，求出目标珍贵材料表面三刺激值之间的差值 Δt，然后推导式(6-8)和式(6-9)：

$$\Delta C = \left[\boldsymbol{TED\Phi} \right]^{-1} \Delta t \tag{6-8}$$

$$\boldsymbol{C}^* = \boldsymbol{C} + \Delta \boldsymbol{C} \tag{6-9}$$

利用杨木单板仿紫檀木、黑酸枝木和黑胡桃木的模拟染色试验中使用的三种活性染料的比浓比 ΔC 用于计算染料的比浓比 $\boldsymbol{C}^*$，得出仿染染料配方。计算结果如表 6-9 所示。从表中可以知道三种珍贵木材的仿染染料的配比(注：现有的称量方法只能精确到 0.001g)。

表 6-9　杨木单板仿珍染色的染料配比

染料种类	鸡翅木(早材)	鸡翅木(晚材)	花梨木(早材)	花梨木(晚材)
活性艳红 X-3B	12.54g/L	13.85g/L	11.59g/L	14.67g/L
活性黄 X-R	23.89g/L	22.63g/L	46.53g/L	43.12g/L
活性蓝 X-R	5.12g/L	3.65g/L	2.19g/L	4.46g/L

3. 杨木单板仿珍染色试验及染料配比的修正

使用表 6-9 中确定的仿染配比，选择上述确定的杨木单板最佳染色工艺，并进行仿染处理。染色的单板干燥后，获得使用杨木单板仿制染色模拟三种珍贵树种的成品单板。通过目视检查，表面颜色友好美观，颜色明亮均匀，没有明显的色差，与珍贵树种标准样品的颜色相似。具有数十年木材识别经验的教师将其色彩效果评为"良好"，并最初认为该模仿测试是成功的。然后使用自动分光光度计测量每个模拟染色贴面表面上的三个刺激值；在每个贴面表面上选择三个点，测量该点的三个刺激值，并找到三个点的平均值。将该平均值用作杨木仿染饰面的表面三刺激值数据，并记录下来以备将来使用。测量和计算结果如表 6-10 所示，与表 6-2 中珍贵树种的表面三刺激值数据比较，可以发现仿染单板的表面三刺激值仍与珍贵木材有很大的不同，这是因为本文使用的三刺激值法(Allen 配色法)有一些缺点。它要求 $R_i^{(m)} = R_i^{(s)}$，并且当两者不相等时，浓度计算公式仅计算一个近似值。浓度比的近似程度取决于该公式满足一阶近似匹配条件的程度。式(6-11)为频谱公式。由于该方法本身无法对此问题做出判断，因此实际的色彩匹配计算可能看起来满足式(6-7)，但不满足式(6-11)的浓度比，从而导致较大的偏差。为此，我们必须校正计算的浓度比以获得准确的染料浓度比。

$$R_i^{(s)} - R_i^{(m)} = \Delta R_i = \left[dR/d(K/S) \right] \left[(K/S)_i^{(s)} - (K/S)_i^{(m)} \right] \tag{6-11}$$

表 6-10　杨木仿珍染色单板表面三刺激值测定

三刺激值	鸡翅木(早材)	鸡翅木(晚材)	花梨木(早材)	花梨木(晚材)
X	7.36	5.25	12.22	10.33
Y	7.33	5.12	11.58	9.78
Z	5.67	3.65	6.45	5.10

校正浓度的方法是计算单板表面的三刺激值与目标珍贵金属的三刺激值之间的差值 Δt^*，然后根据式(6-8)和式(6-9)，计算校正后的染料浓度比，结果示于表 6-11。最后，根据校正后的染料浓度比，对杨木单板进行染色，以制备最终

的杨木仿染单板产品，并测量表面三刺激值。结果示于表 6-12。

表 6-11　杨木单板仿珍染色修正后的染料配比

染料种类	鸡翅木(早材)	鸡翅木(晚材)	花梨木(早材)	花梨木(晚材)
活性艳红 X-3B	12.98g/L	14.10g/L	11.62g/L	15.21g/L
活性黄 X-R	24.62g/L	21.67g/L	44.24g/L	42.12g/L
活性蓝 X-R	4.95g/L	3.65g/L	2.22g/L	4.85g/L

表 6-12　修正后染色单板表面三刺激值测定

三刺激值	鸡翅木(早材)	鸡翅木(晚材)	花梨木(早材)	花梨木(晚材)
X	7.95	5.31	12.24	10.65
Y	7.62	4.87	11.21	9.40
Z	5.21	3.68	6.47	5.25

　　尽管最终染色产品的表面三刺激值与目标珍贵材料之间存在一些差异，但我们仍然可以重复上述浓度校正过程。经过反复迭代，可以使三刺激值的差异变小，但这一点对本研究对象的意义不大。这是因为：首先，在染色过程和色度指示剂的测量中存在较大的系统误差和较小的人为误差；其次，由于模仿染色的目标颜色，即珍贵材料的颜色不像纺织品和纸张那样，在印染中是固定的，同一树种不同批次、不同树种在同一环境中特性也不同。即使是同一样品，样品不同部分的比色指示剂也有很大差异。学术索引不是一组固定的值，而只是一组值。上述校正浓度的结果与目标相近，相差不大，目视色差不大，进一步迭代校正无意义。因此，使用表 6-11 中的染料配比作为杨木饰面仿染的最终染料浓度比。

6.5　仿珍染色试验结果与分析

　　基于 Kubelka-Munk 理论，使用匹配三种原色的方法，经过一系列计算和反复的染整校正，得出杨木单板仿染的最终染料分布如下：

　　(1) 仿鸡翅木(早材)单板染料配比：活性艳红 X-3B 12.98g/L；活性黄 X-R 24.62g/L；活性蓝 X-R 4.95g/L。

　　(2) 仿鸡翅木(晚材)单板染料配比：活性艳红 X-3B 14.10g/L；活性黄 X-R 21.67g/L；活性蓝 X-R 3.65g/L。

　　(3) 仿花梨木(早材)单板染料配比：活性艳红 X-3B 11.62g/L；活性黄 X-R

44.24g/L；活性蓝 X-R 2.22g/L。

　　(4) 仿花梨木(晚材)单板染料配比：活性艳红 X-3B 15.21g/L；活性黄 X-R 42.12g/L；活性蓝 X-R 4.85g/L。

参 考 文 献

[1] 程璐. 色纺纱配色算法改进及计算机测配色系统开发[D]. 天津: 天津工业大学, 2018.

[2] 薛朝华. 颜色科学与计算机测色配色实用技术[M]. 北京: 化学工业出版社, 2003: 110-121.

[3] 李新元. 活性染料少水介质染色计算机测配色研究[D]. 上海: 东华大学, 2020.

[4] 朱玉人. 基于混合模型的木材染色智能配色机理研究[D]. 哈尔滨: 东北林业大学, 2017.

[5] Sun X, Young J, Liu J H, et al. Prediction of pork color attributes using computer vision system[J]. Meat Science, 2016, 113(2): 62-64.

[6] Billmeyer F W Jr, Beasley J K, Sheldon J A. Formulation of transparent colors with a digital computer[J]. Journal of the Optical Society of America, 1960, 50(1): 70-72.

[7] Alderson J V, Atherton E, Preston C, et al. The practical exploitation of instrumental match prediction[J]. Journal of the Society of Dyers and Colourists, 1963, 79: 723-729.

[8] 李楠. 多元非线性回归分析在织物染色计算机配色中的应用研究[D]. 青岛: 青岛大学, 2014.

[9] 许佳艳. 涤棉双组份纤维混色计算机辅助配色的研究[D]. 杭州: 浙江理工大学, 2013.

[10] 李戎, 潘玮, 顾峰, 等. 计算机测配色的历史与现状[J]. 北京纺织, 1999, (2): 59-61.

[11] 金远同. 电脑测色配色技术的回顾与进展[J]. 染料与染色, 1999, (5): 32-35.

[12] 殷秀莲, 程显毅. 计算机辅助配色系统相关技术的研究进展[J]. 纺织学报, 2006, (3): 106-110.

[13] 李婵, 万晓霞, 吕伟. 油墨组分比例预测模型与方法[J]. 发光学报, 2019, 40(5): 673-679.

[14] 袁少飞. 仿实木染色重组竹制备工艺及机理研究[D]. 南京: 南京林业大学, 2019.

[15] Wei J Q, Peng M Q, Li Q, et al. Evaluation of a novel computer color matching system based on the improved back-propagation neural network model[J]. Journal of Prosthodontics, 2018, 27(8): 775-783.

[16] 武林, 于志明. 计算机配色技术应用于木材染色初探[J]. 中国人造板, 2006, (8): 17-20.

[17] 武林, 于志明. 计算机配色技术在木材连缸染色中的应用研究[J]. 北京林业大学学报, 2007, (1): 146-150.

[18] 王乐新, 王喜昌. 色差型权重因子计算机配色方法研究[J]. 黑龙江八一农垦大学学报, 2001, (2): 91-94.

[19] 李春生, 王金林, 王志同, 等. 木材染色用计算机配色技术[J]. 木材工业, 2006, (6): 5-7.

[20] Tang A Y L, Wang Y M, Lee C H, et al. Comparison of computer colour matching of water-based and solvent-based reverse micellar dyeing of cotton fibre[J]. Coloration Technology, 2018, 134(4): 258-265.

[21] Wan X, Lü X G. Study on the relationship between the infrared spectra similarity of inks and the accuracy of computer color matching[J]. Spectroscopy and Spectral Analysis, 2018, 39(3): 711-716.

[22] 章斐燕, 李启正, 张声诚, 等. 基于 Stearns-Noechel 优化模型的交织混色织物配色设计系统[J]. 丝绸, 2015, 52(1): 26-30.

[23] 白婧, 杨柳, 张毅, 等. 纯棉色纺纱配色中的 Stearns-Noechel 模型参数优化[J]. 纺织学报, 2018, 39(3): 31-37.

第7章   基于神经网络的计算机智能
配色方法研究

现有的计算机染色技术思想是使用 Kubelka-Munk 理论来计算测得的颜色相关量。根据第 6 章的结果，我们可以知道，对于木材染色，许多影响因素就系统而言，误差很大，需要多次校正才能达到可接受的效果，这浪费了一定的时间。

近年来，一些学者提出了使用诸如神经网络的智能手段来研究这个复杂的系统，并取得了一定的成果[1,2]。在这项研究中，将神经网络应用于木材染色计算机的色彩匹配系统，并完全改善了原始色彩匹配模型。

7.1   神经网络简介

7.1.1   人工神经网络

人工神经网络(ANN)[3-5]是一种使用计算机技术来模拟生物体中神经网络的某些结构和功能的技术，并依次用于工程或其他领域。它通过更改网络中每个连接的权重来实现信息的存储和处理。在神经网络中，每个神经元既是信息存储单元又是信息处理单元。信息的处理和存储合二为一。由这些神经元组成的网络在每个神经元的共同作用下完成。输入模式识别和记忆。

有很多方法可以对神经网络进行分类。每种方法都从某个方面描述了神经网络。总之，根据网络活动模式、网络的近似特性、网络结构、网络学习方法和学习算法有以下类别[6,7]。

(1) 根据网络活动模式，分为确定性和随机性。确定性是通过确定性函数产生确定性输出状态的确定性输入函数。随机性是随机性的函数，随机性产生遵循概率分布的随机输出状态。

(2) 根据网络的近似特性，分为全局近似类型和局部近似类型。

(3) 根据网络结构，分为分层结构和互连结构。层次结构具有明显的层，信息流从输入层流向输出层。互连结构没有明显的层，并且具有从输出单元到隐藏层单元的反馈连接。

(4) 根据网络学习方法，分为与导师一起学习(也称监督学习)、无监督学习(也称自我组织)和再鼓励学习(也称强化学习)三种。它们都是一种机器学习模型，可以模拟一个人(班级)适应环境的学习过程。因此，具有学习能力的系统称为学习系统或学习机。

(5) 根据学习算法，分为 Hebb 学习算法、竞争学习算法和随机学习算法。

7.1.2 神经网络模型分析及选取

神经网络通常分为四种类型：前馈、反馈、自组织和随机。当前，在系统建模和预测中，最常用的是静态多层前馈神经网络，这主要是因为该网络具有近似任何非线性映射的能力。利用静态多层前馈神经网络建立系统的输入输出模型，基本上是基于网络的逼近能力，通过学习获知系统差分方程中的位置非线性函数。对于静态系统的建模和预测，多层前向网络可以取得良好的效果。尽管仍有一些关键的理论问题尚未解决，但许多研究结果表明神经网络在非线性系统的预测中具有广阔的应用前景[8]。下面将介绍如何使用神经网络进行预测。

1. 基于神经网络的预测原理

1) 正向建模

正向建模是指训练神经网络以表达系统正向动力学的过程。通过该过程建立的神经网络模型称为正向模型。正向模型的结构如图 7-1 所示，其中神经网络与要识别的系统并联，并且两者的输出误差用作网络的训练信号。显然，这是教师的典型学习问题。作为教师的实际系统为神经网络提供了算法所需的期望输出。当系统是受控对象或传统控制器时，神经网络通常采用多层正向网络的形式，并且可以直接选择 BP 网络或其各种变化形式。当系统是性能评估器时，可以选择强化学习算法。此时，网络可以使用具有全局逼近功能的网络(如多层感知器)或具有局部逼近功能的网络[如小脑模型联合控制器(cMAc)等]。

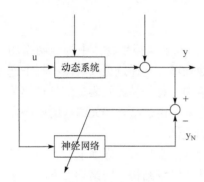

图 7-1　正向模型的结构
u 表示输入；y 表示期望输出；y_N 表示神经网络输出

2) 逆向建模

动态系统逆向模型的建立在神经网络控制中起着关键作用，并且已经被特别广泛地使用。下面介绍相对简单的直接逆向建模方法。

直接逆向建模也称广义逆学习，如图 7-2 所示。原则上，这是最简单的方法。从图中可以看出，将要预测的系统输出用作网络输入。将网络输出与系统输入进行比较，并使用相应的输入错误进行训练。因此，网络将通过学习来建立系

统的逆向模型。但是，如果识别出的非线
性系统是不可逆的，则使用上述方法，将
获得不正确的逆向模型。因此，在建立系
统逆向模型时，应事先保证其可逆性。

　　为了获得良好的逆动态特性，应适当
选择网络训练所需的样本集，以使其大于
未知系统的实际工作范围。但是，由于控
制目标是使系统输出具有期望的运动，并
且难以将期望的输入提供给未知的受控系
统，因此实际操作期间的输入信号难以预

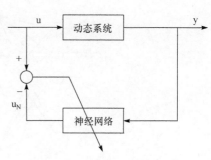

图 7-2　直接逆向建模结构

u 表示期望输入；u_N 表示网络输入；y 表示输出

先给出。另外，在系统预测中，为了确保参数估计算法的一致性，必须使用一定
数量的连续激励输入信号。对于神经网络，这仍是一个需进一步研究的问题。

　　2. 人工神经网络选取与介绍

　　应用于预测领域最为广泛的两种神经网络为 BP 神经网络和径向基函数
(RBF)神经网络，从函数逼近即预测的角度进行分析，RBF 神经网络无论从收敛
性还是逼近性上，都远远好于 BP 神经网络，所以本研究采用 RBF 神经网络作
为基础的建模方法[9]。

　　1) RBF 神经网络的兴起

　　1985 年，鲍威尔提出了多元插值的径向基函数方法[10]。1988 年，
Broomhead 和 Lowe 首先将径向基函数应用于神经网络设计，比较了径向基函数
和多层神经网络，并揭示了两者之间的关系[11]。Moody 和 Darken 在 1989 年提
出了一种新颖的神经网络——RBF 神经网络[12]。同年，Jackon 证明了 RBF 神经
网络对于非线性连续函数的一致逼近性能[13]。

　　新型网络型 RBF 神经网络的出现为神经网络的研究和应用带来了新的活
力。RBF 神经网络可以根据问题确定相应的网络拓扑，学习速度快，没有局部
最小问题。RBF 神经网络的优良特性使其比 BP 神经网络具有更强的生命力，并
且它正在成为越来越多领域中取代 BP 神经网络的新型神经网络。

　　2) RBF 神经网络结构

　　RBF 神经网络由三层组成：输入层、隐藏层和输出层。输入层节点的功能
是将信号传输到隐藏层。隐藏层节点由径向基函数组成，输出层节点通常是简单
的线性函数。在 RBF 神经网络中，从输入层到隐藏层的转换是非线性的。隐藏
层的作用是对输入向量执行非线性变换，而从隐藏层到输出层的变换是线性的，
即网络的输出是隐藏节点输出线性加权的结构，RBF 神经网络如图 7-3 所示。

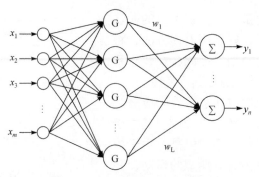

图 7-3　RBF 神经网络的结构图

3) RBF 基函数

RBF 神经网络是只有一个隐藏层的三层前馈神经网络。首先，通过网络隐藏层的基函数对输入数据进行非线性转换；然后，网络输出由输出层的加权组合和基函数的响应给出。该网络实现的映射是

$$y_k(x) = \sum s_j = \sum \omega_{jk} h_j \left(\| x - c_j \| \right) \qquad k = (1,2,\cdots,m) \tag{7-1}$$

其中，ω_{jk} 是连续隐藏层到输出层的可变权值；$c_j \in R_n$ 为隐藏层基函数的对称中心；$\| \, \|$ 表示欧氏距离，$h_j(\| \, \|)$ 是一种径向对称的基函数，其形式一般根据实际问题的需要确定，一般采用高斯函数：

$$h(x_k) = \exp \left[-(x_k - c_j)^2 / \sigma^2 \right] \tag{7-2}$$

其中，σ 称为接受域的宽度，可用于控制函数的局部性程度，也为径向基函数的宽度。

径向基函数还具有一个重要特征，即随着与某一中心点距离的增大，函数曲线呈单调递减(递增)趋势。下面是几类常用的径向基函数[14]。

高斯函数：

$$\varphi \left(\| x \| \right) = \mathrm{e}^{-\| x^2 \|} \tag{7-3}$$

多二次(multiquadric)函数：

$$\varphi \left(\| x \| \right) = \left(1 + \| x \|^2 \right)^{\frac{1}{2}} \tag{7-4}$$

逆多二次(inverse multiquadric)函数：

$$\varphi \left(\| x \| \right) = \left(1 + \| x \|^2 \right)^{-\frac{1}{2}} \tag{7-5}$$

柯西(Cauchy)函数:

$$\varphi(\|x\|) = \left(1 + \|x\|^2\right)^{-1} \tag{7-6}$$

其中, 随着与中心点距离的增大, 高斯函数、逆多二次函数和柯西函数单调减小, 而多二次函数的曲线单调增大。高斯函数是单调递减的径向基函数, 具有良好的局部特征(仅在中心点附近具有显著的特征, 随着与中心点的距离增大, 其值逐渐接近零), 因此, 这种径向基函数在实践中被广泛使用。

下面给出两个在本文中常用的定义[15]:

定义 1　泛化(generalization)能力: 训练后的神经网络正确反映未出现在训练样本集中(但具有相同规律性)的样本的能力。

定义 2　过拟合(over-tithing): 在神经网络训练过程中, 由于训练样本中存在噪声, 因此对学习算法的严格要求过高, 无法精确拟合每个样本, 从而导致神经网络被噪声误导并降低了泛化能力, 称为过拟合。

与其他前向神经网络相比, RBF 神经网络具有良好的全局逼近性能。如果 RBF 神经网络中有足够的隐藏层神经元, 则它可以一致地逼近数集上的任何连续函数。

4) RBF 神经网络学习算法

RBF 神经网络学习往往是通过两个层次进行的。这是因为在隐藏层要对激活函数的参数(径向基函数的中心和宽度)进行调整, 采用非线性的优化策略, 学习的速度较慢; 而输出层只是对隐藏层节点输出的加权求和, 因此学习过程只是对连接权值进行调整(可采用线性优化策略), 学习的速度较快。所以正是隐藏层和输出层的不同功能, 导致了不同的学习策略。目前已提出了 RBF 神经网络的多种学习方法。就径向基函数中心的选取, 本文引入以下三种常用方法[16]。

(1) 随机选择径向基函数中心。这是最简单的方法。它从训练数据集中随机选择径向基函数中心。对于特定问题, 如果训练数据的分配具有代表性, 则这是一种更明智的方法。

(2) 选择径向基函数中心进行自组织学习。随机选择径向基函数中心的一个问题是需要满足性能水平的大量训练集, 并且可以通过混合学习过程来克服此限制。它包括自组织学习和监督学习两个阶段。后面的学习阶段通过估计输出层的线性权重来完成网络设计。

(3) 监督学习选择径向基函数中心。在这种方法中, 通过有监督的学习过程来实现径向基函数中心和网络的所有其他自由参数。这是 RBF 神经网络的最通用形式。更常用的是纠错学习(error correction learning), 也可以通过梯度下降来实现[17], 具体算法可以在参考文献中找到。

7.2　基于神经网络的计算机智能配色方法

7.2.1　数据获取与整理

1. 数据获取要求

1) 教师样本数据准备

在使用神经网络进行配方模拟之前，准备教师培训数据是非常重要的一步。正确处理的数据将对预测结果的准确性产生重大影响。相反，当未处理的色彩匹配教师数据输入神经网络时，网络模拟将失败。

(1) 对于输入神经网络的训练样本，如果输入样本太少，则神经网络将无法获得训练网络所需的足够信息；如果训练样本过多，则神经网络训练时间过长，且网络运行质量下降。因此，请根据色料模型的实际情况选择合适数量的训练样本。

(2) 专业数据不应矛盾。对于缺乏数据或异常训练的样本，应采用某种方法替换。例如，对于具有相似值的数据，应采取适当的选择。

(3) 数据应具有代表性，也就是说，在对色料模型的样本数据进行采样时，颜色应尽可能覆盖适当的色域，而不应仅集中在某种颜色附近。

(4) 如果采用离线训练方法，则可以随机安排参加训练的数据的训练顺序，可以提高训练网络的效果。如果这是一种在线培训方法，则无需考虑即可避免此步骤。

原始数据集分为两类：训练数据和测试数据。

训练数据是输入神经网络的数据的一部分。它用于在训练过程中调整神经网络的权重。

验证数据仅用于训练期间辅助参数调整的决策，而不会使用这些数据来调整神经网络的权重。验证数据用作判断神经网络系统结构与训练数据之间合理匹配程度的工具。如果训练到达某个步骤时训练数据的错误减少而验证数据的错误增多，则意味着在此步骤中系统结构对于训练数据是多余的。此外，应该调整系统结构或增加此时的训练数据。

测试数据是输入数据的一部分。它仅用于测试神经网络对新数据的适应性，即测试神经网络的泛化能力。在训练过程中不使用它，但在训练完成后用于检查[18]。

2) 数据预处理

排序后的负载数据在输入神经网络之前应进行适当的处理，以便数据格式可以满足神经网络的要求。例如，标准化教师数据。由于人工神经网络的神经元对训练样本的数据范围有限制，因此必须在训练之前对训练样本进行标准化。对于输入层数值数据，将其转换为[−1, 1]中的值，转换公式如下：

$$SF = (SR_{max} - SR_{min})/(X_{max} - X_{min}) \tag{7-7}$$

$$X_p = SR_{min} + (X - X_{min}) \times SF \tag{7-8}$$

式中，X 为某列数值数据的实际值；X_{min} 为该列实际数值的最小值；X_{max} 为该列实际数值的最大值；SR_{min} 为归一化后的下限值；SR_{max} 为归一化后的上限值；SF 为归一化因素；X_p 为待处理的数值。输出层中的目标值数据应根据激活功能的范围进行类似处理。

2. 样本来源与整理

1) 试验方案设计

依照本研究的特点，按照前面的研究成果，根据前面运用传统计算机配色确定的仿珍贵材的配方，确定 0%～0.5%染料为合适的配方，利用这一结论，三种染料活性艳红 X-3B、活性黄 X-R、活性蓝 X-R 分别取 0%、0.1%、0.2%、0.3%、0.4%、0.5%，共 216 种组合，去掉其中比例相同的组合后，还有 182 种组合作为教师样本配方数据进行染色。

按照第 2 章的分析，分别选取了 L^*、a^*、b^* 和 CMY 空间作为研究对象，分别测量染色前后的 L^*、a^*、b^* 和 CMY 值，每种染色配方染色三片，每片测三点的值，具体测量方法和工具见第 2 章。

将这 182 组数据分成两类，一类作为训练数据，另一类作为测试数据，这里为了更好地体现模型的泛化能力，测试数据的选取范围尽量体现全部数据的特点，每个模型中分别选取了 20 组数据作为测试数据，其余的 162 组数据剔除有明显错误的数据外，都作为训练数据使用。

最后选择前面研究的仿珍贵材料的数据进行检验模型，测试算法的有效性。

2) 试验材料及方法

试验材料为前面研究工艺时使用的樟子松和大青杨单板，染色方法也采用了第 3 章摸索的工艺，即樟子松渗透剂 JFC 浓度 0.1%、纯碱浓度 2%、NaCl 浓度 1.5%、温度 85℃、染色时间 60min、固色时间 40min、浴比 17：1。大青杨渗透剂 JFC 浓度 0.20%、促染剂(NaCl)浓度 2.5%、固色剂(Na_2CO_3)浓度 2.0%、温度 85℃、染色时间 180min、固色时间 30min，浴比 10：1。

这里与前面不同的是没有确定染料浓度，这是因为在研究中主要讨论染料的配比，而暂时不考虑上染率的问题。

3. 模型建立

利用模型进行配色的基本过程如图 7-4 所示，从图中能够看出，模型的输入为色差，在这里分别是 ΔL^*、Δa^*、Δb^* 以及 ΔC、ΔM、ΔY。那么可以建立两个三输入三输出的系统，它们的结构图分别如图 7-5 和图 7-6 所示。

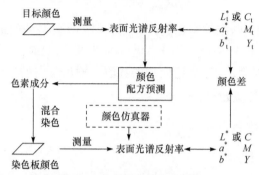

图 7-4　木材染色的配色过程

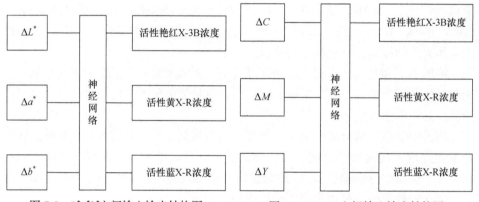

图 7-5　$L^*a^*b^*$ 空间输入输出结构图　　　图 7-6　CMY 空间输入输出结构图

7.2.2　RBF 神经网络参数设置

1. 隐藏层内节点数的确定

确定隐藏层节点数的方法很多[19]，本研究虽然输入输出维数不是很多(三输入三输出)，但相对来说，训练样本比较充足，所以隐藏层节点选择方法采用了 1987 年 Heeht-Nielsen[20]提出的隐藏层节点确定法，他讨论了具有单个隐藏层的人工神经网络，该隐藏层可以实现输入的任何功能，并建议隐藏层节点的数量为 2N+1，其中 N 是输入节点数。

也就是说，根据前面建立的两个模型，隐藏层节点数都可以取 7，在后面的讨论中，进一步证实此种取法适合本模型。

2. 径向基宽度和中心点的确定

1) 径向基宽度的确定

径向基宽度的确定有固定法、平均距离法等多种方法，本研究中考虑更多的是时间的问题，所以采用固定法来进行确定，即当中心由训练数据确定后，径向基宽度可确定为

$$\sigma = d / \sqrt{2l} \tag{7-9}$$

其中，d 为所有类的最大距离；l 为径向基函数中心的数目。

2) 中心点的确定

本研究中心点的确定使用 K-means 聚类算法，即从训练数据中挑选 k 个作为径向基函数的初始中心 $c_j(j=1,2,\cdots,k)$，其他训练数据分配到与之距离最近的类 c_j 中，然后重新计算各类训练数据的平均值作为径向基函数的中心 $c_j(j=1,2,\cdots,k)$。

3. 权值训练算法的确定

本研究采用最小二乘法对网络输出权值进行训练，其学习训练的目标是使总误差达到最小。

首先定义目标函数：

$$J(t) = \sum_{p=1}^{L} E_p(T) = \frac{1}{2} \sum_{p=1}^{L} \wedge(p) \left[d_p - y_p(t) \right]^2 \tag{7-10}$$

式中，L 为样本长度；$E_p(T)$ 为单样本的误差；d_p 为输出的实际值；$y_p(t)$ 为在输入 x_p 下网络的输出向量；$\wedge(p)$ 是加权因子。若第 p 个样本比第 $p-k(p>k, k>1)$ 个样品可靠，则 p 的加权因子要大，可取

$$\wedge(p) = \lambda^{L-p}, \quad 0<\lambda<1, \quad p=1,2,\cdots,L \tag{7-11}$$

并且

$$y_p = \sum_{i=1}^{M} q_i \omega_{ki} \tag{7-12}$$

其中，q_i 为 RBF 神经网络隐藏层第 i 个节点的输出；ω_{ki} 为连接权值。使 J 值最小的 ω 即为所求，因此由

$$\frac{\partial J(t)}{\partial \omega} = 0 \tag{7-13}$$

可得最小二乘递推算法(RLS)：

$$\omega_p(t) = \omega_p(t-1) + K(t)\left[d_p - q_p^{\mathrm{T}}(t)\omega_p(t-1)\right] \tag{7-14}$$

$$K(t) = P(t-1)q_p(t)\left[q_p^{\mathrm{T}}(t)P(t-1)q_p(t) + \frac{1}{\wedge(p)}\right]^{-1} \tag{7-15}$$

$$P(t) = \left[I - K(t)q_p^{\mathrm{T}}(t)\right]P(t-1) \tag{7-16}$$

式中

$$q_p(t) = \left[q_{1p}(t), q_{2p}(t), \cdots, q_{hp}(t)\right]^{\mathrm{T}} \tag{7-17}$$

h 是隐藏层节点数。

7.2.3　模型实现

使用已建立的模型并将 Matlab7.0 用作编程的仿真工具。差异阈值用作停止训练的标准。当实际误差小于误差容限时，则认为已达到训练目标并停止训练。

7.3　仿真结果与分析

7.3.1　仿真结果

采用 RBF 神经网络建模时，根据数据的特点，分别将樟子松和大青杨染色前后的测量数据输入模型进行仿真，其误差曲线图如图 7-7～图 7-10 所示，仿真结果分别如表 7-1～表 7-4 所示。

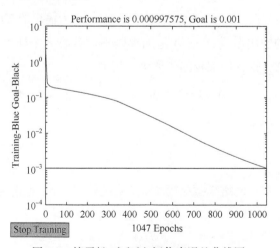

图 7-7　樟子松 $L^*a^*b^*$ 空间仿真误差曲线图
此类图适用于英文示意

表 7-1 樟子松 $L^*a^*b^*$ 空间仿真结果

样本序号	期望输出			实际输出			相对误差
	活性艳红 X-3B	活性黄 X-R	活性蓝 X-R	活性艳红 X-3B	活性黄 X-R	活性蓝 X-R	
1	0.0501	0.0500	0.0512	0.0505	0.0508	0.0509	0.99%
2	0.0499	0.0499	0.1014	0.0502	0.0503	0.1009	0.63%
3	0.0501	0.0495	0.1501	0.0508	0.0509	0.1501	1.41%
4	0.0499	0.0506	0.2017	0.0502	0.0505	0.2011	0.37%
5	0.0507	0.0500	0.2509	0.0533	0.0499	0.2507	1.80%
6	0.1014	0.0508	0.2488	0.1009	0.0509	0.2507	0.48%
7	0.1021	0.0513	0.3009	0.101	0.0509	0.3001	0.71%
8	0.1037	0.1018	0.0504	0.1049	0.1037	0.0507	1.21%
9	0.1008	0.1001	0.1491	0.1015	0.1013	0.1502	0.88%
10	0.1062	0.1008	0.2507	0.1079	0.1017	0.2503	0.88%
11	0.2008	0.0522	0.2500	0.2037	0.0527	0.2508	0.91%
12	0.1996	0.0523	0.3012	0.2015	0.0544	0.3007	1.71%
13	0.2015	0.1008	0.0519	0.2025	0.1009	0.0544	1.80%
14	0.1997	0.1016	0.1493	0.2001	0.1023	0.1502	0.50%
15	0.1988	0.1011	0.2517	0.2066	0.1014	0.2495	1.70%
16	0.3016	0.2520	0.1989	0.3002	0.2504	0.2008	0.68%
17	0.3002	0.2506	0.2499	0.3007	0.2498	0.2501	0.19%
18	0.3020	0.2502	0.3019	0.3024	0.2497	0.3013	0.18%
19	0.3032	0.3019	0.0496	0.3044	0.3053	0.0521	2.19%
20	0.3002	0.3014	0.2504	0.3011	0.3017	0.2519	0.33%
			平均相对误差				0.98%

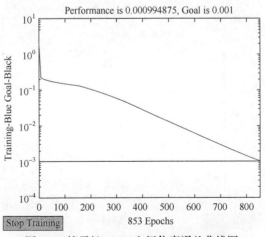

图 7-8 樟子松 CMY 空间仿真误差曲线图

表 7-2　樟子松 CMY 空间仿真结果

样本序号	期望输出			实际输出			相对误差
	活性艳红 X-3B	活性黄 X-R	活性蓝 X-R	活性艳红 X-3B	活性黄 X-R	活性蓝 X-R	
1	0.0501	0.0500	0.0512	0.0517	0.0521	0.0518	2.86%
2	0.0499	0.0499	0.1014	0.0529	0.0503	0.1004	2.60%
3	0.0501	0.0495	0.1501	0.0516	0.0531	0.1516	3.76%
4	0.0499	0.0506	0.2017	0.0512	0.0518	0.2032	1.91%
5	0.0507	0.0500	0.2509	0.0518	0.0517	0.2531	2.15%
6	0.1014	0.0508	0.2488	0.1028	0.0509	0.2506	0.77%
7	0.1021	0.0513	0.3009	0.1022	0.0524	0.3004	0.80%
8	0.1037	0.1018	0.0504	0.1028	0.1002	0.0532	2.67%
9	0.1008	0.1001	0.1491	0.1025	0.1031	0.1501	1.78%
10	0.1062	0.1008	0.2507	0.1046	0.1033	0.2532	1.66%
11	0.2008	0.0522	0.2500	0.2003	0.0517	0.2547	1.03%
12	0.1996	0.0523	0.3012	0.2013	0.0558	0.3011	2.53%
13	0.2015	0.1008	0.0519	0.2008	0.1023	0.0539	1.90%
14	0.1997	0.1016	0.1493	0.2017	0.1023	0.1519	1.14%
15	0.1988	0.1011	0.2517	0.2003	0.1092	0.2538	3.20%
16	0.3016	0.2520	0.1989	0.3008	0.2501	0.2033	1.08%
17	0.3002	0.2506	0.2499	0.3024	0.2543	0.2538	1.26%
18	0.3020	0.2502	0.3019	0.3043	0.2523	0.3023	0.58%
19	0.3032	0.3019	0.0496	0.3018	0.3015	0.0519	1.74%
20	0.3002	0.3014	0.2504	0.3017	0.3019	0.2541	0.71%
			平均相对误差				1.81%

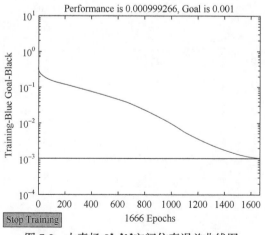

图 7-9　大青杨 $L^*a^*b^*$ 空间仿真误差曲线图

表 7-3　大青杨 $L^*a^*b^*$ 空间仿真结果

样本序号	期望输出			实际输出			相对误差
	活性艳红 X-3B	活性黄 X-R	活性蓝 X-R	活性艳红 X-3B	活性黄 X-R	活性蓝 X-R	
1	0.0501	0.0500	0.0512	0.0518	0.0514	0.0512	2.06%
2	0.0499	0.0499	0.1014	0.0512	0.0534	0.1005	3.50%
3	0.0501	0.0495	0.1501	0.0503	0.0516	0.1518	1.92%
4	0.0499	0.0506	0.2017	0.0509	0.0514	0.2033	1.46%
5	0.0507	0.0500	0.2509	0.0512	0.0512	0.2501	1.24%
6	0.1014	0.0508	0.2488	0.1004	0.0489	0.2513	1.91%
7	0.1021	0.0513	0.3009	0.1023	0.0419	0.3004	6.23%
8	0.1037	0.1018	0.0504	0.1032	0.1011	0.0508	0.65%
9	0.1008	0.1001	0.1491	0.1016	0.1021	0.1521	1.60%
10	0.1062	0.1008	0.2507	0.1095	0.1021	0.2489	1.71%
11	0.2008	0.0522	0.2500	0.2012	0.0504	0.2507	1.31%
12	0.1996	0.0523	0.3012	0.2036	0.0512	0.3022	1.48%
13	0.2015	0.1008	0.0519	0.2017	0.1016	0.0526	0.75%
14	0.1997	0.1016	0.1493	0.2008	0.1005	0.1507	0.86%
15	0.1988	0.1011	0.2517	0.2006	0.1023	0.2515	0.72%
16	0.3016	0.2520	0.1989	0.3013	0.2503	0.2032	0.98%
17	0.3002	0.2506	0.2499	0.3008	0.2513	0.2503	0.21%
18	0.3020	0.2502	0.3019	0.3019	0.2504	0.3015	0.08%
19	0.3032	0.3019	0.0496	0.3043	0.3005	0.0511	1.28%
20	0.3002	0.3014	0.2504	0.3005	0.3016	0.2517	0.23%
平均相对误差							1.51%

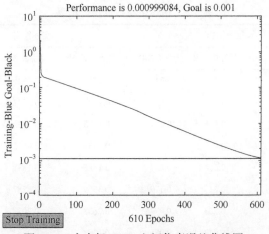

图 7-10　大青杨 CMY 空间仿真误差曲线图

表 7-4　大青杨 CMY 空间仿真结果

样本序号	期望输出			实际输出			相对误差
	活性艳红 X-3B	活性黄 X-R	活性蓝 X-R	活性艳红 X-3B	活性黄 X-R	活性蓝 X-R	
1	0.0501	0.0500	0.0512	0.0519	0.0512	0.0509	0.49%
2	0.0499	0.0499	0.1014	0.0509	0.0513	0.1032	0.78%
3	0.0501	0.0495	0.1501	0.0506	0.0519	0.1518	2.19%
4	0.0499	0.0506	0.2017	0.0512	0.0527	0.2054	2.19%
5	0.0507	0.0500	0.2509	0.0509	0.0502	0.2511	2.33%
6	0.1014	0.0508	0.2488	0.1036	0.0519	0.2518	2.86%
7	0.1021	0.0513	0.3009	0.1026	0.0519	0.3018	0.29%
8	0.1037	0.1018	0.0504	0.1028	0.1038	0.0528	1.85%
9	0.1008	0.1001	0.1491	0.1032	0.1021	0.1528	0.65%
10	0.1062	0.1008	0.2507	0.1037	0.1008	0.2509	2.53%
11	0.2008	0.0522	0.2500	0.2038	0.0502	0.2516	2.29%
12	0.1996	0.0523	0.3012	0.2012	0.0519	0.3054	0.81%
13	0.2015	0.1008	0.0519	0.2008	0.1022	0.0512	1.99%
14	0.1997	0.1016	0.1493	0.2019	0.1037	0.1529	0.99%
15	0.1988	0.1011	0.2517	0.2038	0.1021	0.2507	1.03%
16	0.3016	0.2520	0.1989	0.3029	0.2502	0.2034	1.86%
17	0.3002	0.2506	0.2499	0.3086	0.2532	0.2506	1.30%
18	0.3020	0.2502	0.3019	0.3052	0.252	0.3076	1.14%
19	0.3032	0.3019	0.0496	0.3062	0.3049	0.0504	1.37%
20	0.3002	0.3014	0.2504	0.2952	0.3022	0.2518	1.22%
平均相对误差							1.51%

利用仿珍贵材的数据进行仿真，得到的结果如表 7-5 所示。

表 7-5　仿珍贵材数据仿真结果

样本	期望输出			实际输出			相对误差
	活性艳红 X-3B	活性黄 X-R	活性蓝 X-R	活性艳红 X-3B	活性黄 X-R	活性蓝 X-R	
鸡翅木(早)	0.137	0.229	0.042	0.1331	0.2325	0.0417	1.70%
鸡翅木(晚)	0.176	0.256	0.165	0.1621	0.2532	0.1634	3.32%
花梨木(早)	0.117	0.306	0.077	0.1095	0.3032	0.0636	8.24%
花梨木(晚)	0.162	0.459	0.062	0.1639	0.4672	0.0687	4.59%
紫檀	0.146	0.184	0.037	0.1525	0.1838	0.0369	1.61%
黑酸枝	0.361	0.612	0.179	0.3569	0.6283	0.1854	2.46%
黑胡桃	0.269	0.203	0.074	0.2638	0.2038	0.0742	0.87%
柚木	0.122	0.417	0.088	0.1283	0.4283	0.0894	3.15%

为了比较说明，也将利用三刺激值的方法算出的数据与最后校正后的配方进行了比较，结果如表 7-6 所示。

表 7-6　三刺激值法仿珍贵材数据仿真结果

样本	染色配方			三刺激值预测配方			相对误差
	活性艳红 X-3B	活性黄 X-R	活性蓝 X-R	活性艳红 X-3B	活性黄 X-R	活性蓝 X-R	
鸡翅木(早)	0.137	0.229	0.042	0.128	0.256	0.056	17.23%
鸡翅木(晚)	0.176	0.256	0.165	0.147	0.264	0.157	8.15%
花梨木(早)	0.117	0.306	0.077	0.122	0.332	0.032	23.74%
花梨木(晚)	0.162	0.459	0.062	0.153	0.453	0.042	13.04%
紫檀	0.146	0.184	0.037	0.153	0.201	0.023	17.29%
黑酸枝	0.361	0.612	0.179	0.303	0.624	0.153	10.85%
黑胡桃	0.269	0.203	0.074	0.242	0.257	0.064	16.72%
柚木	0.122	0.417	0.088	0.132	0.475	0.079	10.78%

7.3.2　仿真结果分析

针对樟子松的两种颜色空间仿真效果来看，$L^*a^*b^*$ 空间与 CMY 空间的收敛速度差别不大，分别是 1047 步和 853 步，而它们仿真得到的平均误差有较大差别，分别是 0.98% 和 1.81%，综合考虑时间和精度两个因素，最后取精度小的为选取的研究对象，即 $L^*a^*b^*$ 空间作为研究樟子松的颜色空间对象。

从大青杨的两种颜色空间仿真效果来看，$L^*a^*b^*$ 空间与 CMY 空间的收敛速度差别较大，分别是 1666 步和 610 步，而仿真得到的平均误差差别不大，均为 1.51%，综合考虑两个因素，选取 CMY 空间为研究大青杨的颜色空间对象。

从仿真珍贵材的数据来看，输出数据不是十分理想，最大误差达到 8.24%，虽然远远好于利用三刺激值法得到的配方数据，但仍然说明此模型的泛化能力有限。

7.4　基于改进的神经网络的计算机智能配色方法

7.4.1　改进的 RBF 神经网络的木材染色颜料配方预测模型

根据前面的分析可知，传统的 RBF 神经网络在木材染色颜料配方预测模型建立过程中取得了一定的成果，初步验证了其有效性，但同时也存在一些问题，例如，易形成局部极小而得不到全局最优、学习效率较低、无法达到在线训练等。针对以上问题，本研究参考 Y. Li 和 A. B. Radand[21]等的训练算法，提出了参考隐藏层输出改进 RBF 神经网络的算法应用于配色。此算法不仅要依赖于训练样本，同时还要借助隐藏层的输出，收敛速度比传统的 RBF 算法要高许多。

7.4.2　模型改进的基本思想

针对 RBF 神经网络前馈网络的特点，将隐藏层节点输出的值引入隐藏层节点的输入端，将隐藏层的输出和输入层的输出同时作为隐藏层的输入，进而更精确地训练网络降低误差。结构图如图 7-11 所示。

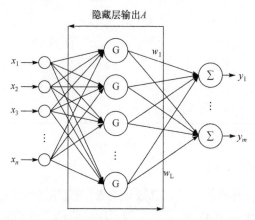

图 7-11　参考隐藏层输出的 RBF 神经网络结构图

7.4.3　改进模型算法推导及参数确定

1. 算法推导

设一个包含 n 个输入节点、q 个隐藏层节点、m 个输出节点和 p 个训练样本的神经网络，X、Y 分别是网络的输入和输出，各层的权值矩阵为 v 和 w，仍然使用具有高斯传递函数的非线性映射函数，所不同的是在输入时作了一些改动，输入层不但使用了输入样本，还引入了隐藏层的输出 A。网络的每一层都可以认为是具有非线性映射的权组合而成[22]。

设原模型 $x_k = [x_{k1}, x_{k2}, \cdots, x_{km}] (k = 1, 2, \cdots, N)$ 表示输入向量，N 表示输入向量的样本个数。

$$\omega_{MI}(n) = \begin{bmatrix} \omega_{11}(n) & \omega_{12}(n) & \cdots & \omega_{1I}(n) \\ \omega_{21}(n) & \omega_{22}(n) & \cdots & \omega_{2I}(n) \\ \vdots & \vdots & & \vdots \\ \omega_{M1}(n) & \omega_{M2}(n) & \cdots & \omega_{MI}(n) \end{bmatrix} \tag{7-18}$$

$\omega_{MI}(n)$ 表示输入层与隐藏层连接的第 n 次训练时所用的权值矩阵。

$$\omega_{IJ}(n)=\begin{bmatrix} \omega_{11}(n) & \omega_{12}(n) & \cdots & \omega_{1J}(n) \\ \omega_{21}(n) & \omega_{22}(n) & \cdots & \omega_{2J}(n) \\ \vdots & \vdots & & \vdots \\ \omega_{I1}(n) & \omega_{I2}(n) & \cdots & \omega_{IJ}(n) \end{bmatrix} \tag{7-19}$$

$\omega_{IJ}(n)$ 表示隐藏层与输出层连接的第 n 次训练时所用的权值矩阵。

$$y(n)=[y_{k1}(n),y_{k2}(n),\cdots,y_{kp}(n)] \quad k=1,2,\cdots,N \tag{7-20}$$

$y(n)$ 表示第 n 次训练时的网络实际输出。

$$d_k=[d_{k1},d_{k2},\cdots,d_{kp}] \quad k=1,2,\cdots,N \tag{7-21}$$

d_k 表示期望输出。

则原模型的隐藏层输出可表示为

$$h=f(\omega_{MI}X) \tag{7-22}$$

网络的输入可表示为

$$Y=f(\omega_{IJ}h) \tag{7-23}$$

对于改进的模型来说，在网络的数据正向传播过程中，第 k 个隐藏层节点的输出将变为

$$h_k=f(h_k'+\sum\omega_{mi}x_i) \tag{7-24}$$

其中 h_k' 为上一次第 k 个隐藏层节点的输出值，那么第 j 个输出节点的输出值应表示为

$$Y_j=f(\omega_{IJ}h_{kj}) \tag{7-25}$$

在误差的反向传播训练中，全局误差可以表示为

$$E=\frac{1}{2}\sum_{i=1}^{p}\sum_{j=1}^{m}(d_j-y_j)=\sum_{i-1}^{p}E_i \tag{7-26}$$

训练的最终目标是要减小网络输出 Y 与期望输出 D 之间的误差，网络的输出应该被逐步优化。将高斯函数代入，即 $h(x_k)=\exp[-(x_k-c_j)^2/\sigma^2]$，由高斯定理可知，只要将 $\omega_{MI}(n)$ 的初值进行有效的约定，就可保证 E 值将呈递减趋势，即小于原来的值，证明此算法对于改进模型，使之尽快达到收敛的目的起到预期的效果。

2. 改进模型网络结构和参数的确定

1) 输入输出层节点数的确定

为了比较，选择前面仿真效果较好的模型数据进行建模，即对于樟子松的研究，采用 $L^*a^*b^*$ 空间进行仿真，如图 7-5 所示；而对于大青杨则采用 CMY 空间进行建模，模型的输出保持不变，即模型还是三输入三输出系统，如图 7-6 所示。

2) 径向基宽度和中心点的确定

RBF 神经网络一般采用最近邻聚类算法来确定中心点，但根据前面的分析知道，反馈网络虽然在步骤上增加了收敛的速度，但同时隐藏层的计算量有所增加，为了进一步增加速度，减少计算量，将中心点的确定方法进行了改进。

(1) 利用先验知识估算径向基宽度 σ：输入量设为 $x_k = [x_{k1}, x_{k2}, \cdots, x_{km}]$ （$k = 1, 2, \cdots, N$），设 d_i 为两个输入向量 x_s 和 x_t 的欧氏距离，则

$$d_i = \sqrt{\frac{(x_{s1} - x_{t1})^2 + (x_{s2} - x_{t2})^2 + \cdots + (x_{sm} - x_{tm})^2}{m}} \tag{7-27}$$

通过计算找出 d 的最大值 $d_{\max}$ 和最小值 $d_{\min}$，根据最大值和最小值确定

$$\sigma = \frac{d_{\min} + d_{\max}}{2} \tag{7-28}$$

(2) 利用改进的最近邻聚类算法确定中心点：第 6 章叙述了最近邻聚类算法，在算法的求解过程中发现，最近邻聚类算法是将第一个进入新聚类的输入向量做这个聚类的中心点。随输入变量的增加，属于同一个聚类的输入向量的个数会增加。选取第一个聚类点的方式具有随机性，不具有全局最优性。这就造成在特定时候因选取不当而引起的网络陷入局部最小的情况，影响网络的速度和准确性。本研究在径向基宽度 σ 的选取数据基础上选取径向基函数中心点，具有一定的参考价值。具体步骤如下：

A. 首先定义 $A(L)$ 为各个聚类的输出矢量和，$B(L)$ 为每聚类中元素的个数，L 为聚类个数。

B. 利用前面计算的 d_i 数据进行排列，将 $d_{\min}$ 对应的 X 作为第一个聚类的中心点，即 $c_1 = x_i$，隐藏层连接权值为 $\omega_1 = A(l) / B(l)$。

C. 根据排序，依次确定各自的中心点和相应的隐藏层节点的权重值。

这样的选取方式减少了反复比较的计算，计算量大幅度减少，当研究对象的隐藏层节点数小于训练数据的数目时，这种算法是完全符合要求的[23]。

(3) 采用最小均方算法(LMS)调整连接权值：当 RBF 神经网络的中心点和径向基宽度确定以后，此值不更改。此时网络模型的实际输出可能和期望输出还存

在一定的误差。还需要对连接权值进行调整，优化网络结构。本研究选择批处理的方式，待所有的训练数据都训练过以后，计算总的误差为

$$E(n) = \frac{1}{2} \sum_{i=1}^{p} \sum_{j=1}^{m} (d_j(n) - y_j(n)) = \sum_{i=1}^{p} E_i \tag{7-29}$$

对隐藏层与输出层之间的连接权值调整如下：

$$\omega_i(n+1) = \omega_i(n) + \eta^* \frac{\partial E(n)}{\partial \omega_i} \tag{7-30}$$

$$\omega_i(n+1) = \omega_i(n) + \eta X^{\mathrm{T}}(n)e(n) \tag{7-31}$$

7.4.4　仿真结果及分析

1. 仿真结果

分别将樟子松和大青杨染色前后的测量数据输入模型进行仿真，其误差曲线图如图 7-12 和图 7-13 所示，仿真结果分别如表 7-7 和表 7-8 所示。

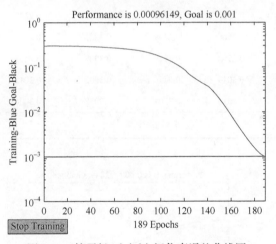

图 7-12　樟子松 $L^*a^*b^*$ 空间仿真误差曲线图

表 7-7　樟子松 $L^*a^*b^*$ 空间仿真结果

样本序号	期望输出			实际输出			相对误差
	活性艳红 X-3B	活性黄 X-R	活性蓝 X-R	活性艳红 X-3B	活性黄 X-R	活性蓝 X-R	
1	0.0501	0.0500	0.0512	0.0505	0.0512	0.0512	1.07%
2	0.0499	0.0499	0.1014	0.0509	0.0499	0.1028	1.13%
3	0.0501	0.0495	0.1501	0.0503	0.0503	0.1523	1.16%
4	0.0499	0.0506	0.2017	0.0489	0.0506	0.2011	0.77%

续表

样本序号	期望输出			实际输出			相对误差
	活性艳红 X-3B	活性黄 X-R	活性蓝 X-R	活性艳红 X-3B	活性黄 X-R	活性蓝 X-R	
5	0.0507	0.0500	0.2509	0.0512	0.0512	0.2509	1.13%
6	0.1014	0.0508	0.2488	0.1021	0.0521	0.2512	1.40%
7	0.1021	0.0513	0.3009	0.1019	0.0537	0.3011	1.65%
8	0.1037	0.1018	0.0504	0.1082	0.1023	0.0507	1.81%
9	0.1008	0.1001	0.1491	0.1023	0.1003	0.1502	0.81%
10	0.1062	0.1008	0.2507	0.1037	0.1002	0.2504	1.02%
11	0.2008	0.0522	0.2500	0.2045	0.0523	0.2503	0.72%
12	0.1996	0.0523	0.3012	0.2031	0.0517	0.3012	0.97%
13	0.2015	0.1008	0.0519	0.2018	0.1023	0.0512	1.00%
14	0.1997	0.1016	0.1493	0.2023	0.1005	0.1503	1.02%
15	0.1988	0.1011	0.2517	0.1936	0.1021	0.2504	1.37%
16	0.3016	0.2520	0.1989	0.3065	0.2523	0.2012	0.97%
17	0.3002	0.2506	0.2499	0.3021	0.2503	0.2519	0.52%
18	0.3020	0.2502	0.3019	0.3002	0.2502	0.3016	0.23%
19	0.3032	0.3019	0.0496	0.3002	0.3012	0.0512	1.48%
20	0.3002	0.3014	0.2504	0.3018	0.3006	0.2517	0.44%
平均相对误差							1.03%

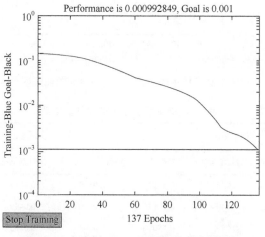

图 7-13　大青杨 CMY 空间仿真误差曲线图

表 7-8　大青杨 CMY 空间仿真结果

样本序号	期望输出			实际输出			相对误差
	活性艳红 X-3B	活性黄 X-R	活性蓝 X-R	活性艳红 X-3B	活性黄 X-R	活性蓝 X-R	
1	0.0501	0.0500	0.0512	0.0503	0.0504	0.0513	0.46%
2	0.0499	0.0499	0.1014	0.0501	0.0504	0.1004	0.80%
3	0.0501	0.0495	0.1501	0.0512	0.0512	0.1513	2.14%
4	0.0499	0.0506	0.2017	0.04987	0.0505	0.2023	0.19%
5	0.0507	0.0500	0.2509	0.0512	0.0502	0.2507	0.49%
6	0.1014	0.0508	0.2488	0.1001	0.0507	0.2512	0.81%
7	0.1021	0.0513	0.3009	0.1009	0.0506	0.3007	0.87%
8	0.1037	0.1018	0.0504	0.1003	0.1003	0.0512	2.11%
9	0.1008	0.1001	0.1491	0.1012	0.1005	0.1503	0.53%
10	0.1062	0.1008	0.2507	0.1053	0.1004	0.2508	0.43%
11	0.2008	0.0522	0.2500	0.2005	0.0512	0.2507	0.78%
12	0.1996	0.0523	0.3012	0.2004	0.0518	0.3003	0.55%
13	0.2015	0.1008	0.0519	0.2032	0.1002	0.0512	0.93%
14	0.1997	0.1016	0.1493	0.2005	0.1004	0.1504	0.77%
15	0.1988	0.1011	0.2517	0.2002	0.1005	0.2501	0.64%
16	0.3016	0.2520	0.1989	0.3006	0.2507	0.2005	0.55%
17	0.3002	0.2506	0.2499	0.3002	0.2511	0.2501	0.09%
18	0.3020	0.2502	0.3019	0.3005	0.2508	0.3006	0.39%
19	0.3032	0.3019	0.0496	0.3037	0.3056	0.0512	1.54%
20	0.3002	0.3014	0.2504	0.3005	0.3012	0.2501	0.10%
			平均相对误差				0.76%

利用仿珍贵材的数据进行仿真，得到的结果如表 7-9 所示。

表 7-9　仿珍贵材数据仿真结果

样本	期望输出			实际输出			相对误差
	活性艳红 X-3B	活性黄 X-R	活性蓝 X-R	活性艳红 X-3B	活性黄 X-R	活性蓝 X-R	
鸡翅木(早)	0.137	0.229	0.042	0.1372	0.2302	0.0431	1.10%
鸡翅木(晚)	0.176	0.256	0.165	0.1749	0.2502	0.1632	1.33%
花梨木(早)	0.117	0.306	0.077	0.1093	0.3072	0.0723	4.36%
花梨木(晚)	0.162	0.459	0.062	0.1607	0.4503	0.0612	1.33%
紫檀	0.146	0.184	0.037	0.1393	0.1802	0.0352	3.84%
黑酸枝	0.361	0.612	0.179	0.3591	0.6019	0.1703	2.35%

续表

样本	期望输出			实际输出			相对误差
	活性艳红 X-3B	活性黄 X-R	活性蓝 X-R	活性艳红 X-3B	活性黄 X-R	活性蓝 X-R	
黑胡桃	0.269	0.203	0.074	0.2603	0.2007	0.0712	2.72%
柚木	0.122	0.417	0.088	0.1203	0.4019	0.0893	2.16%

2. 仿真结果分析

从误差曲线上明显可以看出，此模型的改进有效地解决了原来模型训练速度较慢的问题，樟子松模型 189 步可以收敛，大青杨模型 137 步就收敛了，速度几乎可以达到在线训练的标准，完全可以用于工业应用。从模型精度看，大青杨模型精度有所改善，但改善不多，樟子松模型基本没有改变，甚至有所下降，所以此模型的改进对于精度的改善不大。

从仿珍贵材的数据来看，精度有所改善，最大误差为 4.36%，但仍然很难达到要求，证明此模型的泛化能力还有待进一步改善。

7.4.5　基于解剖特性的模糊神经网络建模在配方预测中的应用

从前面的染色分析可以看出，对于不同树种的染色要采取不同的方法，模型的泛化能力有限，模型的改进虽然在一定程度上解决了问题，但还不能从根本上解决问题，RBF 神经网络和模糊逻辑系统能够实现很好的互补，提高神经网络的学习泛化能力[24-26]。根据第 4 章的结论，木材染色效果与其内部解剖特性息息相关，如果在模型的建立中将其解剖特性指标引入，将对模型的修正具有一定的意义。

7.5　模糊神经网络基础

7.5.1　模糊理论

客观事物的差异在中介过渡时所呈现的亦此亦彼的现象称为模糊性。它体现了事物变化的连续过程，模糊集合论是使用精确的数学语言隶属度函数来描述中介过渡过程的一种方法。

设论域 $u = \{x\}$，u 在闭区间$[0,1]$的任一映射 $u_A(x):u \to [0,1]$，$x \to u_A(x)$ 确定了 u 的一个模糊子集，简称模糊集，记作 A，该映射称为 A 的隶属函数。$u_A(x)$ 的大小反映了 x 对模糊集 A 的隶属程度，简称隶属度。

对大多数应用系统而言，其主要且重要的信息来源有两种：提供测量数据的传感器和提供系统性能描述的专家。这里称来自传感器的信息为数据信息，来自专家的信息为语言信息。数据信息常用数字来表示，而语言信息则用诸如"大""中""小""极小"等文字来表示。然而，人类在解决问题时所使用的大量知识是经验性的，它们通常是用语言信息来描述的。因此，必须建立一整套全新的方法来充分利用语言信息和数据信息，从而达到更好地解决应用问题的目的。

图 7-14 给出了模糊推理的原理，当然根据模糊推理的类型和所使用的模糊规则的不同，模糊推理系统也不同。

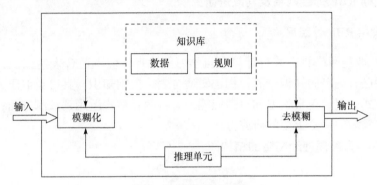

图 7-14　模糊推理系统

7.5.2　模糊逻辑系统与神经网络的结合

模糊逻辑和神经网络是两个不同的领域，基础理论相差较远，但是它们又都是人工智能领域的范畴。是否可以结合起来加以应用呢？理论和实践的结果证明两种理论是可以融合的。模糊逻辑和神经网络在许多方面具有关联性和互补性。而且，理论上已经证明：模糊逻辑系统能以任意精度逼近一个非线性函数，神经网络具有映射能力。这说明二者之间有密切的联系。所以，将模糊逻辑系统与人工神经网络结合起来，取长补短，必然能把信息处理领域提高到一个新的高度。目前，模糊系统和神经网络技术从简单结合到完全融合，主要体现在以下四个方面[27]。

(1) 模糊逻辑系统和神经网络系统的简单结合。这样结合时模糊逻辑系统和神经网络系统各自以其独立的方式存在，并起着一定的作用。主要形式有：松散型结合、并联型结合、串联型结合。

(2) 用模糊逻辑增强的神经网络。这种结合主要目的是用模糊神经系统作为辅助工具，增强神经网络的学习能力，克服传统神经网络容易陷入局部极小值的弱点。将模糊规则融入神经网络的反向误差传播中，训练前馈感知器网络；此外，为提高神经网络的训练速度，还用模糊规则确定神经网络的初始化权值。

（3）用神经网络增强的模糊逻辑。这种类型是用神经网络作为辅助工具，更好地设计模糊系统。具体有两种形式：网络学习型的结合、基于知识扩展型的结合。

（4）模糊逻辑与神经网络系统的完全融合。自 1990 年以来，这种类型的模糊神经网络一直是一个非常活跃的研究课题，它主要借鉴模糊逻辑的思路设计一些特殊结构的神经网络，这种网络与一般神经网络相比，其内部结构可观察到，而不再是一个黑箱，网络的节点和参数都有一定意义，即对应模糊系统的隶属函数或推理过程。

7.5.3　模糊 RBF 神经网络及其改进研究

1. 模糊 RBF 神经网络

RBF 神经网络具有并行计算和自学习等优点，但不适合表达知识，不能较好地利用已有的经验知识，而模糊逻辑适合表达模糊知识，具有类似于人类思维的推理方式，但缺乏自学习和自适应能力。将两者结合运用到预测方面，是目前神经网络领域的一个重要的研究方向[28-31]。

图 7-15 为模糊神经网络的结构图。

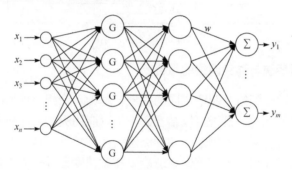

图 7-15　模糊神经网络的结构图

第一层：输入层。该层各个节点直接与输入量 $X = [x_1, x_2, \cdots, x_m]$ 的各个分量连接，将输入量传递到下一层，对每个节点 i 的输入输出都表示为

$$f_i(i) = x_i \tag{7-32}$$

第二层：模糊化层。采用高斯函数作为隶属度函数，这里的 c_{ij} 和 b_j 分别是第 i 个输入量第 j 个模糊集合的隶属度函数的均值和标准差，这需要从统计量中得出。相应的第二层算子如下：

$$f_2(i, j) = \exp\left(-\frac{(f_1(i) - c_{ij})^2}{(b_j)^2}\right) \tag{7-33}$$

第三层：推理层。该层通过与模糊化层的连接来完成模糊规则的匹配，各个节点之间实现模糊运算。即每个节点 j 的输出为该节点所有输入信息的乘积，即

$$f_3(j) = \prod_{j=1}^{N} f_2(i,j) \tag{7-34}$$

式中，$N = \prod_{i=1}^{n} N_i$，N_i 为输入层中第 i 个输入隶属度函数的个数，即模糊化节点数。

第四层：输出层。输出层为原来神经网络的学习层，即

$$f_4 = \omega f_3 = \sum_{j=1}^{N} \omega(l,j) f_3(j) \tag{7-35}$$

式中，l 为输出的节点的个数；ω 为输出节点与第三层节点的连接权矩阵。其求取方法参见前面的对于神经网络学习参数的求取方法。

2. 模糊 RBF 神经网络改进

从前面的分析中知道，输入端除了有前面模型的颜色量以外，还有木材的解剖特性，由于要建立的模型输入主要是影响染色的解剖特性，那么在进行统计中除了均值和标准差外，关心更多的是某个量的范围，更多的数据也都是提供了各个树种某一解剖量的范围，如果能将其引入模型中将更好地体现先验知识，对于模型的改进将起到一定的效果。

现在假设 u_i 为 X_i 的最小值，v_i 为 X_i 的最大值，即

$$u_i = \min(x_{i1}, x_{i2}, \cdots, x_{in}) \tag{7-36}$$

$$v_i = \max(x_{i1}, x_{i2}, \cdots, x_{in}) \tag{7-37}$$

u_i 和 v_i 的值可以根据测量结果统计得出，对于大部分东北常见树种的 u_i 和 v_i 的值都可以根据手册得出[32]。

假设因子与输出呈正相关关系，那么将隶属度函数定义为

$$\phi_i = \left[1 - \frac{1}{\alpha_i} \sum_{j=1}^{n} \max(0, r(w_i - x_{ij})) \right] \times \left[1 - \frac{1}{\beta_i} \sum_{j=1}^{n} \max(0, r(x_{ij} - w_i)) \right] \tag{7-38}$$

其中，w_i 为选择的中心点，即

$$w_i = u_i + \frac{v_i - u}{2} = \frac{u_i + v_i}{2} \tag{7-39}$$

α_i 为 $x_{ij} \leqslant w_i$ 的维数；β_i 为 $x_{ij} > w_i$ 的维数；r 为灵敏度参数，当 x 与取值范围距离增加时，它调整隶属度减小的速度，即

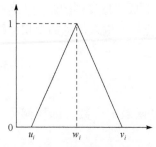

图 7-16　最小最大值隶属度函数图

$$r = \frac{1}{w_i - u_i} \qquad (7\text{-}40)$$

那么得到的隶属度函数的圆形为三角形，如图 7-16 所示。

此隶属度函数计算简单，体现更多输入量信息。

如果因子与输出呈负相关关系，那么将隶属度函数定义为

$$\phi_i = \left[-\frac{1}{\alpha_i} \sum_{j=1}^{n} \max(0, r(w_i - x_{ij})) \right] \times \left[-\frac{1}{\beta_i} \sum_{j=1}^{n} \max(0, r(x_{ij} - w_i)) \right] \qquad (7\text{-}41)$$

其他相同，则图形也相应地与之相反。

由于隶属度函数的变化，此模型具有计算简单的优点，并且推导均有明显的物理意义。

7.5.4　基于模糊神经网络的解剖特性建立配方预测模型

1. 樟子松预测模型建立

根据第 5 章得出的结论，影响樟子松木材染色效果的主要解剖因子为管胞比量、木射线比量、树脂道比量和晚材管胞长度等因子，那么将这四个因子作为输入加入原来的模型中，组成新的模型，新的模型为一个七输入三输出的预测模型，如图 7-17 所示。

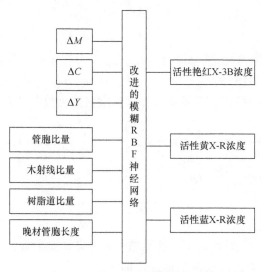

图 7-17　樟子松预测模型示意图

2. 大青杨预测模型建立

影响大青杨木材染色效果的主要解剖因子为木材的早材导管直径、早材木纤维长度、导管比量、木纤维比量和木射线比量。将这五个因子加入原来的模型中，组成新的模型，新的模型为一个八输入三输出的预测模型，如图 7-18 所示。

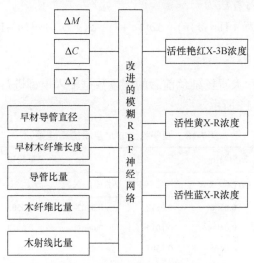

图 7-18　大青杨预测模型示意图

(1) 数据来源：选取 10 个来自不同植株的樟子松和大青杨板条，在同一块板条上不同位置分别截取 18 段，其中两片做成 19 段，将这 182 段样本分成两部分，大的部分(50mm×100mm)刨切成很薄的木片，用于染色，将小的部分(20mm×20mm)用作解剖特性的测定，共 182 组，分别进行编号处理。

染色样本按照前面设计的染色试验进行，染色前后测试其颜色变化，并进行数据整理，将其中的 162 组作为训练样本，20 组作为测试样本进行处理。

(2) 参数选择。

(3) 隐藏层内节点数的确定：本研究由于数据节点较多，增加隐藏层节点会造成网络训练时间较长，所以此模型隐藏层节点数与输入层节点数选择相同的数目，可以减少计算的压力，节省时间，所以本次研究只关心误差问题，而不必关心收敛速度的问题。

(4) 算法的确定：此模糊神经网络的学习算法可基于 BP 算法而提出，设 $E_p = \frac{1}{2}(y-Y)^2$，其中 y 为实际输出，Y 为期望输出，E_p 为平方误差函数。

那么，学习过程中对 ω_i 的调整量可用以下公式来表示：

$$\omega_i(n+1) - \omega_i(n) = -\eta \partial E_p / \partial \omega_i$$

$$= -\eta \frac{\partial E}{\partial(y-Y)} \cdot \frac{\partial(y-Y)}{\partial y} \cdot \frac{\partial y}{\partial \omega} \qquad (7\text{-}42)$$

$$= \eta(y-Y) \cdot f_3$$

则输出层的权值学习算法为

$$\omega_i(n+1) = \omega_i(n) + \Delta \omega_i(n+1) + \alpha(\omega_i(n) - \omega_i(n-1)) \qquad (7\text{-}43)$$

3. 仿真结果

分别将樟子松和大青杨染色前后的测量数据输入模型进行仿真，仿真结果分别如表 7-10 和表 7-11 所示。

表 7-10　樟子松 $L^*a^*b^*$ 空间仿真结果

样本序号	期望输出			实际输出			相对误差
	活性艳红 X-3B	活性黄 X-R	活性蓝 X-R	活性艳红 X-3B	活性黄 X-R	活性蓝 X-R	
1	0.0501	0.0500	0.0512	0.0502	0.0503	0.0509	0.46%
2	0.0499	0.0499	0.1014	0.0501	0.0512	0.1019	1.17%
3	0.0501	0.0495	0.1501	0.0507	0.0503	0.1505	1.03%
4	0.0499	0.0506	0.2017	0.0512	0.0502	0.2016	1.15%
5	0.0507	0.0500	0.2509	0.0508	0.0503	0.2509	0.27%
6	0.1014	0.0508	0.2488	0.1005	0.0511	0.2508	0.76%
7	0.1021	0.0513	0.3009	0.1011	0.0512	0.3007	0.41%
8	0.1037	0.1018	0.0504	0.1021	0.1004	0.0505	1.04%
9	0.1008	0.1001	0.1491	0.1005	0.1007	0.1507	0.66%
10	0.1062	0.1008	0.2507	0.1045	0.1006	0.2507	0.60%
11	0.2008	0.0522	0.2500	0.2004	0.0512	0.2505	0.77%
12	0.1996	0.0523	0.3012	0.2005	0.0511	0.3005	0.99%
13	0.2015	0.1008	0.0519	0.2003	0.1006	0.0509	0.91%
14	0.1997	0.1016	0.1493	0.2005	0.1005	0.1506	0.78%
15	0.1988	0.1011	0.2517	0.2006	0.1006	0.2507	0.60%
16	0.3016	0.2520	0.1989	0.3005	0.2506	0.2011	0.68%
17	0.3002	0.2506	0.2499	0.3005	0.2503	0.2507	0.18%
18	0.3020	0.2502	0.3019	0.3009	0.2507	0.3007	0.32%
19	0.3032	0.3019	0.0496	0.3043	0.3007	0.0502	0.66%
20	0.3002	0.3014	0.2504	0.3006	0.3009	0.2503	0.11%
	平均相对误差						0.68%

表 7-11　大青杨 CMY 空间仿真结果

样本序号	期望输出			实际输出			相对误差
	活性艳红 X-3B	活性黄 X-R	活性蓝 X-R	活性艳红 X-3B	活性黄 X-R	活性蓝 X-R	
1	0.0501	0.0500	0.0512	0.0506	0.0504	0.0511	0.66%
2	0.0499	0.0499	0.1014	0.0501	0.0502	0.1014	0.33%
3	0.0501	0.0495	0.1501	0.0502	0.0502	0.1504	0.60%
4	0.0499	0.0506	0.2017	0.0512	0.0502	0.2013	1.20%
5	0.0507	0.0500	0.2509	0.0504	0.0505	0.2506	0.57%
6	0.1014	0.0508	0.2488	0.1006	0.0511	0.2506	0.70%
7	0.1021	0.0513	0.3009	0.1023	0.0512	0.3005	0.17%
8	0.1037	0.1018	0.0504	0.1021	0.1004	0.0505	1.04%
9	0.1008	0.1001	0.1491	0.1009	0.1004	0.1504	0.42%
10	0.1062	0.1008	0.2507	0.1052	0.1003	0.2507	0.48%
11	0.2008	0.0522	0.2500	0.2004	0.0512	0.2512	0.86%
12	0.1996	0.0523	0.3012	0.2002	0.0512	0.3012	0.80%
13	0.2015	0.1008	0.0519	0.2011	0.1004	0.0512	0.65%
14	0.1997	0.1016	0.1493	0.2005	0.1009	0.1507	0.68%
15	0.1988	0.1011	0.2517	0.2002	0.1003	0.2503	0.68%
16	0.3016	0.2520	0.1989	0.3003	0.2507	0.2007	0.62%
17	0.3002	0.2506	0.2499	0.3006	0.2503	0.2506	0.18%
18	0.3020	0.2502	0.3019	0.3002	0.2503	0.3006	0.36%
19	0.3032	0.3019	0.0496	0.3033	0.3005	0.0509	1.04%
20	0.3002	0.3014	0.2504	0.3021	0.3009	0.2501	0.31%
			平均相对误差				0.62%

利用仿珍贵材的数据进行仿真，得到的结果如表 7-12 所示。

表 7-12　仿珍贵材数据仿真结果

样本	期望输出			实际输出			相对误差
	活性艳红 X-3B	活性黄 X-R	活性蓝 X-R	活性艳红 X-3B	活性黄 X-R	活性蓝 X-R	
鸡翅木(早)	0.137	0.229	0.042	0.1363	0.2265	0.0432	1.49%
鸡翅木(晚)	0.176	0.256	0.165	0.1752	0.2585	0.1643	0.62%
花梨木(早)	0.117	0.306	0.077	0.1164	0.3065	0.0804	1.70%
花梨木(晚)	0.162	0.459	0.062	0.1653	0.4539	0.0632	1.69%
紫檀	0.146	0.184	0.037	0.1486	0.1809	0.0369	1.25%
黑酸枝	0.361	0.612	0.179	0.3684	0.6131	0.1765	1.21%

续表

样本	期望输出			实际输出			相对误差
	活性艳红 X-3B	活性黄 X-R	活性蓝 X-R	活性艳红 X-3B	活性黄 X-R	活性蓝 X-R	
黑胡桃	0.269	0.203	0.074	0.2607	0.2075	0.0743	1.90%
柚木	0.122	0.417	0.088	0.1234	0.4187	0.0854	1.50%

4. 结果分析

从结果来看，樟子松和大青杨模型的误差都有所改善，分别是 0.68%和 0.62%，只需要几次调整就能达到精确的配色模型，结果非常理想，从模型对仿珍贵材的配方预测效果来看，误差也有了明显的改善，最大误差为 1.90%，基本可以接受，说明模型的泛化能力有了较大的改善。

7.6　基于动态模糊神经网络的木材染色颜料配方预测模型

前面模糊神经网络模型的研究在木材染色颜色配方预测方面取得了一定的成果，但也发现，它仍然存在预测节点数确定困难、参数的设定有一定的要求(否则影响模型的准确性)、样本数据需要预先处理等诸多问题。另外，模糊神经网络采用反向传播学习算法进行训练，很容易陷入局部极小值，且训练速度较慢，在工业的具体应用中比较麻烦。

动态模糊神经网络是最近提出的一种发展很快的模糊神经网络，它没有特定的模糊规则，运用快速的学习算法，本研究将动态模糊神经网络运用到木材染色计算机配色的系统中，取得了一定的成果。

7.6.1　动态递归模糊神经网络结构

所谓的"动态"是指模糊神经网络的网络结构不是预先设定的，而是动态变化的，即在学习开始前，没有一条模糊规则，其模糊规则是在学习过程中逐渐增加而形成的。本节提出的动态递归模糊神经网络(DRFNN)结构如图 7-19 所示。

其本质意义是代表一个基于 TSK 模型的模糊系统。$x_1, x_2, \cdots, x_r$ 是输入的语言变量，y 是系统的输出，MF_{ij} 是第 i 个输入变量的第 j 个隶属度函数，R_j 表示第 j 条模糊规则，N_j 是第 j 个归一化节点，ω_j 是第 j 条规则的结果参数或者连接权，u 是系统总的规则数。下面对各层的含义做详细说明：

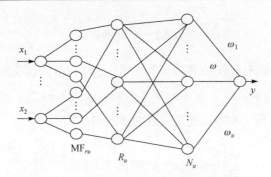

图 7-19　动态递归模糊神经网络的结构

(1) 第一层：输入层，节点表示输入的语言变量，输入个数为 r。

(2) 第二层：隶属函数层，每个节点分别表示一个高斯隶属函数：

$$\mu_{ij}(x_i) = \exp\left[-\frac{(x_i - c_{ij})^2}{\sigma_j^2}\right] \quad (i = 1, \cdots, r; j = 1, \cdots, u) \tag{7-44}$$

式中，μ_{ij} 是 x_i 的第 j 个隶属函数；c_{ij} 是该函数的中心；σ_j 是该函数的宽度；r 是输入变量数；u 是隶属函数的个数，也表示系统总的规则数。

(3) 第三层：T-范数层，每个节点分别表示一个可能的模糊规则中的 IF 部分，反映了模糊规则数。第 j 条规则 R_j 的输出为

$$\Phi_j = \exp\left[-\frac{\sum_{i=1}^{r}(x_i - c_{ij})^2}{\sigma_j^2}\right] = \exp\left[-\frac{\left\|X - C_j\right\|^2}{\sigma_j^2}\right] \quad (j = 1, 2, \cdots, u) \tag{7-45}$$

式中，$C_j = (c_{1j}, c_{2j}, \cdots, c_{rj}) \in R^r$ 是第 j 个 RBF 单元的中心；$X = (x_1, x_2, \cdots, x_r) \in R^r$。由此可见，该层的每个节点也表示一个 RBF 单元，即 RBF 节点数与模糊系统的规则数相等。

(4) 第四层：归一化层，将该层的每个节点称为 N 节点。易知 N 节点数与模糊规则数相等。第 j 个节点 N_j 的输出为

$$\phi_j = \frac{\varphi_j}{\sum_{k=1}^{u} \varphi_k} \quad (j = 1, 2, \cdots, u) \tag{7-46}$$

(5) 第五层：输出层，该层节点表示 DRFNN 的输出变量，可以是单输出，也可以是多输出。输出为所有输入信号按权值的线性叠加(结构以一个输出为例，更多输出求解方法相同)：

$$y(X) = \sum_{k=1}^{u} \omega_k * \phi_k \tag{7-47}$$

ω_k 是 THEN 部分(结果参数)或者第 k 条规则的连接权值，表现为输入量的函数：

$$\omega_k = a_{k0} + a_{k1}x_1 + a_{k2}x_2 + \cdots + a_{kr}x_r \quad (k = 1, 2, \cdots, u) \tag{7-48}$$

由上述计算可得 DRFNN 输出变量的详细表达式：

$$y(X) = \frac{\sum_{i=1}^{u} \left[(a_{i0} + a_{i1}x_1 + \cdots + a_{ir}x_r) \exp\left(-\frac{\left\| X - C_i \right\|^2}{\sigma_i^2} \right) \right]}{\sum_{i=1}^{u} \exp\left(-\frac{\left\| X - C_i \right\|^2}{\sigma_i^2} \right)} \tag{7-49}$$

7.6.2　动态递归模糊神经网络的学习算法

1. 模糊规则的确定

本节采用分级学习的思想，根据 DRFNN 的输出误差 e_i 和高斯函数的覆盖范围 $d_{\min}$ 确定是否产生新规则。对于第 i 个观测数据 (X_i, t_i)，X_i 为 DRFNN 的输入向量，t_i 为期望输出，定义输出误差：

$$\left\| e_i \right\| = \left\| t_i - y_i \right\| \tag{7-50}$$

y_i 为式(7-49)计算出的 DRFNN 当前结构下的全部输出。若 $\left\| e_i \right\| > k_e$，则考虑增加一条新规则，$k_e$ 为预先设定的误差指数。

定义覆盖范围：

$$d_i(j) = \left\| X_i - C_j \right\| \tag{7-51}$$

$$d_{\min} = \arg\min(d_i(j)) \tag{7-52}$$

式中，C_j 为当前所有 RBF 单元的中心向量。若 $d_{\min} > k_d$，则考虑增加一条新规则。k_d 为预先设定的覆盖范围的有效半径。基于单调递减函数，逐渐减小每个 RBF 单元的误差指数和有效半径，预设参数 k_e 和 k_d 按下式确定：

$$k_e = \max[e_{\max} \times \beta^i, e_{\min}] \tag{7-53}$$

$$k_d = \max[d_{\max} \times \gamma^i, d_{\min}] \tag{7-54}$$

式中，$e_{\max}$ 和 $e_{\min}$ 分别为最大误差和 DRFNN 的期望精度，$\beta(0 < \beta < 1)$ 为收敛常数；$d_{\max}$ 和 $d_{\min}$ 分别为输入空间的最大、最小长度，$\gamma(0 < \gamma < 1)$ 为衰减常数。这些参数都在学习之前设定。

由于 RBF 单元的宽度对系统的泛化能力至关重要，宽度太小将不能全面划分输入空间，使系统泛化能力变差；宽度太大又容易陷入饱和，不能产生正确的输出。因此，产生新规则的初始参数按下式确定：

$$C_i = X_i \tag{7-55}$$

$$\sigma_i = k_s \cdot d_{\min} \tag{7-56}$$

式中，k_s 为预先设定的重叠因子，且第 1 条规则的宽度也是预先设定的常数。

综上所述，只有当 $\|e_i\| > k_e$ 且 $d_{\min} > k_d$ 同时成立时，才产生一条新规则。而对于其他 3 种可能出现的情况，只需调整现有 RBF 单元的宽度和 THEN 部分的权值。

2. 权值的确定

根据上述模糊规则的确定方法，假定共有 n 个观测数据产生了 u 条模糊规则，那么第四层的网络输出可表示为

$$\phi = \begin{bmatrix} \phi_{11} & \cdots & \phi_{1n} \\ \vdots & & \vdots \\ \phi_{u1} & \cdots & \phi_{un} \end{bmatrix} \tag{7-57}$$

则对任意输入 $X_i(x_{1j}, x_{2j}, \cdots, x_{rj})$，DRFNN 的输出式可表示为

$$Y = W \times \Psi \tag{7-58}$$

$$W = (a_{10} \cdots a_{u0} \quad a_{11} \cdots a_{u1} \quad \cdots \quad a_{1r} \cdots a_{ur}) \tag{7-59}$$

$$\Psi = \begin{bmatrix} \phi_{11} & \cdots & \phi_{1n} \\ \vdots & & \vdots \\ \phi_{u1} & \cdots & \phi_{un} \\ \phi_{11} \cdot x_{11} & \cdots & \phi_{1n} \cdot x_{1n} \\ \vdots & & \vdots \\ \phi_{u1} \cdot x_{11} & \cdots & \phi_{un} \cdot x_{1n} \\ \vdots & & \vdots \\ \phi_{11} \cdot x_{r1} & \cdots & \phi_{1n} \cdot x_{rn} \\ \vdots & & \vdots \\ \phi_{u1} \cdot x_{r1} & \cdots & \phi_{un} \cdot x_{rn} \end{bmatrix} \tag{7-60}$$

若 DRFNN 的理想输出为 $T = (t_1, t_2, \cdots, t_n) \in R^n$，则可采用线性最小二乘法逼近一个最优的权值向量 $W^* \in R^{(r+1) \times u}$，使误差能量最小。这个最优的权值向量由下式确定：

$$W^* = T(\Psi^{\mathrm{T}} \Psi)^{-1} \Psi^{\mathrm{T}} \tag{7-61}$$

7.6.3　木材染色颜料配方预测模型建立

网络结构如本章前面所示，分别建立樟子松和大青杨的输入输出模型，这里唯一需要指出的就是网络参数的问题。

DRFNN 网络的参数设置并不复杂，在本研究中最大训练次数为 6000，$d_{min} = 2$，$d_{max} = 40$，$e_{min} = 0.5$，$e_{max} = 50e_{min}$，$\gamma = \left(\dfrac{d_{min}}{d_{max}}\right)^{2.5/200}$，$\beta = \left(\dfrac{e_{min}}{e_{max}}\right)^{1/100}$，$\sigma_0 = 35$，$k = 2.5$，$k_w = 1.4$，$k_e = 0.01$。

1. 仿真结果

训练中模糊规则不断变化，最后樟子松仿真结果如表 7-13 所示。大青杨仿真结果如表 7-14 所示。

表 7-13　樟子松 DRFNN 网络输出结果

样本序号	期望输出			实际输出			相对误差
	活性艳红 X-3B	活性黄 X-R	活性蓝 X-R	活性艳红 X-3B	活性黄 X-R	活性蓝 X-R	
1	0.0501	0.0500	0.0512	0.0505	0.0509	0.0511	0.93%
2	0.0499	0.0499	0.1014	0.0512	0.0502	0.1013	1.10%
3	0.0501	0.0495	0.1501	0.0505	0.0502	0.1503	0.78%
4	0.0499	0.0506	0.2017	0.0503	0.0504	0.2006	0.40%
5	0.0507	0.0500	0.2509	0.0506	0.0501	0.2507	0.16%
6	0.1014	0.0508	0.2488	0.1006	0.0512	0.2503	0.73%
7	0.1021	0.0513	0.3009	0.1031	0.0511	0.3008	0.47%
8	0.1037	0.1018	0.0504	0.1023	0.1003	0.0511	1.40%
9	0.1008	0.1001	0.1491	0.1003	0.1012	0.1503	0.80%
10	0.1062	0.1008	0.2507	0.1062	0.1004	0.2502	0.20%
11	0.2008	0.0522	0.2500	0.2032	0.0502	0.2502	1.70%
12	0.1996	0.0523	0.3012	0.2005	0.0512	0.3007	0.91%
13	0.2015	0.1008	0.0519	0.2007	0.1006	0.0511	0.71%
14	0.1997	0.1016	0.1493	0.2005	0.1013	0.1506	0.52%
15	0.1988	0.1011	0.2517	0.2006	0.1012	0.2521	0.39%
16	0.3016	0.2520	0.1989	0.3003	0.2503	0.1994	0.45%
17	0.3002	0.2506	0.2499	0.3002	0.2511	0.2483	0.28%
18	0.3020	0.2502	0.3019	0.3002	0.2506	0.3004	0.42%
19	0.3032	0.3019	0.0496	0.3021	0.3012	0.0506	0.87%
20	0.3002	0.3014	0.2504	0.3005	0.3015	0.2501	0.08%
	平均相对误差						0.66%

表 7-14　大青杨 DRFNN 网络输出结果

样本序号	期望输出			实际输出			相对误差
	活性艳红 X-3B	活性黄 X-R	活性蓝 X-R	活性艳红 X-3B	活性黄 X-R	活性蓝 X-R	
1	0.0501	0.0500	0.0512	0.0502	0.0502	0.0508	0.49%
2	0.0499	0.0499	0.1014	0.0501	0.0497	0.1018	0.78%
3	0.0501	0.0495	0.1501	0.0500	0.0499	0.1506	0.46%
4	0.0499	0.0506	0.2017	0.0501	0.0502	0.2009	0.65%
5	0.0507	0.0500	0.2509	0.0510	0.0499	0.2503	0.54%
6	0.1014	0.0508	0.2488	0.1009	0.0511	0.2501	0.65%
7	0.1021	0.0513	0.3009	0.1017	0.0508	0.3011	0.58%
8	0.1037	0.1018	0.0504	0.1021	0.1021	0.0501	0.79%
9	0.1008	0.1001	0.1491	0.1005	0.1003	0.1501	0.58%
10	0.1062	0.1008	0.2507	0.1057	0.1010	0.2513	0.67%
11	0.2008	0.0522	0.2500	0.2012	0.0517	0.2504	0.43%
12	0.1996	0.0523	0.3012	0.2004	0.0531	0.3009	0.28%
13	0.2015	0.1008	0.0519	0.2014	0.1011	0.0523	0.37%
14	0.1997	0.1016	0.1493	0.2001	0.1023	0.1502	0.53%
15	0.1988	0.1011	0.2517	0.2013	0.1014	0.2495	0.45%
16	0.3016	0.2520	0.1989	0.3002	0.2502	0.2003	0.38%
17	0.3002	0.2506	0.2499	0.3007	0.2498	0.2501	0.73%
18	0.3020	0.2502	0.3019	0.3017	0.2492	0.3023	0.63%
19	0.3032	0.3019	0.0496	0.3021	0.3023	0.0501	0.48%
20	0.3002	0.3014	0.2504	0.3001	0.3009	0.2497	0.65%
平均相对误差							0.56%

利用仿珍贵材的数据进行仿真，得到的结果如表 7-15 所示。

表 7-15　仿珍贵材数据仿真结果

样本	期望输出			实际输出			相对误差
	活性艳红 X-3B	活性黄 X-R	活性蓝 X-R	活性艳红 X-3B	活性黄 X-R	活性蓝 X-R	
鸡翅木(早)	0.137	0.229	0.042	0.1372	0.2273	0.0432	1.25%
鸡翅木(晚)	0.176	0.256	0.165	0.1752	0.2601	0.1642	0.85%
花梨木(早)	0.117	0.306	0.077	0.1153	0.3052	0.0781	1.05%
花梨木(晚)	0.162	0.459	0.062	0.1602	0.4583	0.0632	1.07%
紫檀	0.146	0.184	0.037	0.1462	0.1839	0.0368	0.24%
黑酸枝	0.361	0.612	0.179	0.3591	0.6123	0.1764	0.68%

续表

样本	期望输出			实际输出			相对误差
	活性艳红 X-3B	活性黄 X-R	活性蓝 X-R	活性艳红 X-3B	活性黄 X-R	活性蓝 X-R	
黑胡桃	0.269	0.203	0.074	0.2693	0.2053	0.0752	0.96%
柚木	0.122	0.417	0.088	0.1224	0.4162	0.0854	1.16%

2. 结果分析

从结果来看，樟子松和大青杨模型的误差没有大的改善，但保持在一个可以接受的范围，运行速度较快，且参数设置较容易，不需要过多地设置模糊条件，大大节省了时间。从模型对仿珍贵材的配方预测效果来看，误差也有了明显的改善，最大误差也只有 1.25%，说明模型的泛化能力有了较大的改善。

参 考 文 献

[1] 张晓云, 冒晓东, 赵文杰, 等. 活性染料三原色泡沫染色配色体系[J]. 东华大学学报(自然科学版), 2016, 42(6): 841-850.

[2] 肖春华. 基于高光谱测色的织物染色配方智能预测[D]. 杭州: 浙江理工大学, 2019.

[3] 张倩. 基于智能诊断的人工智能神经网络运用[J]. 科技风, 2019, (27): 12.

[4] Haykin S. Neural Networks: A Comprehensive Foundation[M]. Second Edition. London: Prentice Hall International, Inc, 1999.

[5] Shi H T, Qin C J, Xiao D Y, et al. Automated heartbeat classification based on deep neural network with multiple input layers[J]. Knowledge-Based Systems, 2019, 188: 105036.

[6] Sitharthan R, Parthasarathy T, Rani S, et al. An improved radial basis function neural network control strategy-based maximum power point tracking controller for wind power generation system[J]. Transactions of the Institute of Measurement and Control, 2019, 41(11): 3158-3170.

[7] Fuangkhon P. An incremental learning preprocessor for feed-forward neural network[J]. Artificial Intelligence Review, 2014, 41(2): 183-210.

[8] Santos A L. Assessing the culture of fruit farmers from Calvillo, Aguascalientes, Mexico with an artificial neural network: an approximation of sustainable land management[J]. Environmental Science & Policy, 2019, 92: 311-322.

[9] 李蕾, 陈倩, 薛安. 基于 BP 和 RBF 神经网络的外加碳源量模型研究[J]. 环境工程学报, 2014, 8(11): 4788-4794.

[10] Powell M J. Radial Basis Function for Multi-variable Interpolation: Are View in Algorithms for Approximation [M]. Oxford: Oxford University Press, 2007: 143-168.

[11] 来旭辉, 许燕, 周建平, 等. 基于 RBF 网络的自适应熔焊插补容错算法[J]. 焊接学报, 2018, 39(10): 81-87, 132.

[12] Li Z Q, Zhao Y P, Cai Z Y, et al. A proposed self-organizing radial basis function network for aero-engine thrust estimation[J]. Aerospace Science and Technology, 2019, 87: 167-177.

[13] Vavalle N A, Schoell S L, Weaver A A, et al. Application of radial basis function methods in the development of a 95th percentile male seated FEA model[C]. France: 58th Stapp Car Crash Conference, 2014.

[14] Buhmann M D, Dai F. Pointwise approximation with quasi-interpolation by radial basis functions[J]. Journal of Approximation Theory, 2015, 192: 156-192.

[15] 李辉. 基于粒计算的神经网络及集成方法研究[D]. 徐州: 中国矿业大学, 2015.

[16] Haykin S. Neural Networks: A Comprehensive Foundation [M]. 3rd Ed. New York: Macmillan, 1998.

[17] 史忠植. 知识发现[M]. 北京: 清华大学出版社, 2000.

[18] da Silva D B, Schmidt D, Costa C A, et al. DeepSigns: a predictive model based on deep learning for the early detection of patient health deterioration[J]. Expert Systems with Applications, 2018, 21: 165-167.

[19] 刘洋. 信息反馈 RBF 网络估值的不完整数据模糊聚类算法研究[D]. 沈阳: 辽宁大学, 2018.

[20] Heeht-Nielsen, Pruitt W O, Aboukhaled A, et al. Crop Water Requirements[M]. Rome: Irrigation and Drainage Paper, 1987.

[21] Li Y, Radand A B, Peng W. An enhaneed training algorithm for multilayer neural networks based on reference out put of hidden layer[J]. Neural Computing & Apvlieation, 2010, 8: 218-225.

[22] Velasco L C P, Serquiña R P, Abdul Zamad M S A, et al. Week-ahead rainfall forecasting using multilayer perceptron neural network[J]. Procedia Computer Science, 2019, 161: 386-397.

[23] 高隽. 人工神经网络原理及仿真实例[M]. 北京: 机械工业出版社, 2003.

[24] 周超, 李樊, 杜呈欣, 等. 基于模糊 RBF 神经网络的轨道交通站台门预热控制技术研究[J]. 现代城市轨道交通, 2020, (6): 101-104.

[25] You L H, Wei X J, Han J, et al. Elegant anti-disturbance control for stochastic systems with multiple heterogeneous disturbances based on fuzzy logic systems[J]. Transactions of the Institute of Measurement and Control, 2020, 42(14): 2611-2621.

[26] 金杉, 金志刚. 基于自适应模糊广义回归神经网络的区域火灾数据推理预测[J]. 计算机应用, 2015, 35(5): 1499-1504.

[27] Huang M Z, Tian D, Liu H B, et al. A hybrid fuzzy wavelet neural network model with self-adapted fuzzy c-means clustering and genetic algorithm for water quality prediction in rivers[J]. Complexity, 2018, 2018: 1-11.

[28] 郭业才, 朱文军. 基于深度卷积神经网络的运动模糊去除算法[J]. 南京理工大学学报, 2020, 44(3): 303-312.

[29] Abduallah H M, Mahdi S S. Performance evaluation of fuzzy logic and back propagation neural network for hand written character recognition[J]. International Journal of Embedded Systems and Applications, 2018, 8(4): 17-25.

[30] Yue X, Wang J S, Huang W. Hybrid fuzzy integrated convolutional neural network (HFICNN) for similarity feature recognition problem in abnormal netflow detection[J]. Neurocomputing, 2020, 415: 332-346.

[31] Zhang Z F, Wang T, Chen Y, et al. Design and application of type-2 fuzzy logic system based on improved ant colony algorithm[J]. Transactions of the Institute of Measurement and Control, 2018, 40(16): 4444-4454.

[32] 刘一星, 于海鹏, 刘迎涛, 等. 中国东北地区木材性质与用途手册[M]. 北京: 化学工业出版社, 2004.

第 8 章　木材染色效果评价研究

8.1　染色效果评价体系

8.1.1　识别的过程分析

识别过程通常由分析人员及有关专家共同进行。主要方法是通过调查、分解、讨论等提出所有因素，并且分析和筛除那些影响微弱、作用不大的因素，然后研究主要因素间的关系。

识别可分为以下三步进行：

第一步，收集资料。只有获取足够的资料，才能够较好地理解项目及其环境，从而保证识别的有效性。

第二步，明确目标，实现目标的手段和资源，以确定变化因素，从而识别出关键要素。

第三步，形成书面文件。识别结果整理出来，写成书面文件，为分析的其余步骤做准备。

8.1.2　识别方法的选择

识别方法类似于系统分析中的结构分解方法。根据事物本身的规律和个人的历史经验将问题进行分解。常用方法有调查分析法、德尔菲方法、头脑风暴法、列表检查法、财务报表分析法、组织结构图分析法、可行性研究、事故树法、情景分析法等[1-7]。

每一种方法都有其适用范围，都有各自的优缺点。在实际中究竟应采用何种方法，通常要视具体情况而定，通常需要综合运用几种方法，才能收到良好的效果。本研究选用调查分析法。

德尔菲方法又称专家调查法，用德尔菲方法识别的过程是由管理小组选定该领域和专家，并与适当数量的专家建立直接的函询联系，通过函询收集专家意见，然后加以综合整理，再匿名反馈给各位专家，再次征询意见。这样反复经过四五轮，逐步使专家的意见趋向一致，作为最后识别的根据。在运用此法时，要求在选定的专家之间相互匿名，对各专家的反应进行统计处理并带有反馈地征询几轮意见，经过数轮征询后，专家们的意见相对收敛，趋向一致。我国已有不少项目组采用此法，并取得了比较满意的结果[8-10]。

8.1.3　影响因素确定

通过问卷调查等多种形式，与有关专家商讨，并结合相关文献的分析，确定以下参数用于染色效果，分别是视觉特性、经济特性、染色后特性等(图 8-1)[11]。

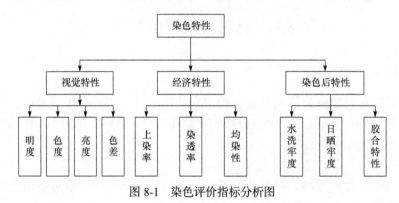

图 8-1　染色评价指标分析图

8.2　指标权重确定

8.2.1　确定方法

1. 建立因素集

因素集是影响评价对象的各种因素组成的一个普通集合。即 $U=\{u_1\ u_2\ \cdots\ u_m\}$，式中，$U$ 是因素集，$u_i(i=1,2,\cdots,m)$ 代表各因素。这些因素通常都具有不同程度的模糊，设各因素集为 $U=\{u_1\ u_2\ \cdots\ u_m\}$，$u_i(i=1,2,\cdots,m)$ 为第一层次(最高层次)中的第 i 个因素，它又是由第二层次中的几个因素决定的，即 $u_i=\{u_{i1}\ u_{i2}\ \cdots\ u_{in}\}$，$u_{ij}(i=1,2,\cdots,n,j=1,2,\cdots,n)$ 为第二层次因素，u_{ij} 还可以由第三层次的因素决定。每个因素的下一层次因素的数目不一定相等。

2. 建立因素权重集

在因素集中，各因素的重要程度是不一样的。为了反映各因素的重要程度，对各个因素 $u_i(i=1,2,\cdots,m)$ 应赋予一个相应的权数 $w_i(i=1,2,\cdots,m)$，由各权数组成的集合 $W=\{w_1\ w_2\ \cdots\ w_m\}$ 称为因素权重，简称权重集。

$$\sum_{i=1}^{m}w_i=1\quad w_i\geqslant 0\quad (i=1,2,\cdots,m)\tag{8-1}$$

它们可视为各因素 $u_i(i=1,2,\cdots,m)$ 对"重要"的隶属度。因此，权重集可视为因素集上的模糊子集，并可表示为

$$A = w_1/u_1 + w_2/u_2 + \cdots + w_m/u_m \tag{8-2}$$

本节是在层次分析法建立的评价指标体系上，利用 $1\sim9$ 标度法确定各因素的权重 W_i。

3. 建立备择集

备择集是评价者对评价对象可能作出的各种总的评价结果所组成的集合。通常用大写字母 V 表示，即 $V = \{v_1 \quad v_2 \quad \cdots \quad v_n\}$。各元素 $v_i(i=1,2,\cdots,m)$，即代表各种可能的总评价结果。模糊评价的目的，就是在综合考虑所有因素的基础上，从备择集中得出一最佳的评价结果。评价结果是从 V 中得出一个最合理的等级。显然，v_i 与 V 的关系也是普通集合关系。因此，备择集也是一普通集合。

4. 单因素模糊评价

单独从一个基本因素出发进行评价，以确定评价对象对备择集元素的隶属程度，便称为单因素模糊评价。

设评价对象按因素集中第 i 个因素 u_i 进行评价，对备择集中第 j 个元素 V_j 的隶属度为 r_{ij}，则按第 i 个因素 u_i 的评价结果，可用模糊集合表示为

$$R_i = (r_{i1} \quad r_{i2} \quad \cdots \quad r_{in}) \tag{8-3}$$

R_i 称为单因素评价集。

将各基本因素评价集的隶属度为行组成的矩阵为 R，R 称为单因素评价矩阵。

$$R = \begin{bmatrix} r_{11} & r_{12} & \cdots & r_{1n} \\ r_{21} & r_{22} & \cdots & r_{2n} \\ \vdots & \vdots & & \vdots \\ r_{m1} & r_{m2} & \cdots & r_{mn} \end{bmatrix} \tag{8-4}$$

5. 初级模糊综合评价

单因素模糊评价，仅反映了一个基本因素对评价对象的影响。这显然是不够的。综合考虑所有基本因素的影响，得出对上一层次因素科学的评价结果，这便是模糊综合评价。

从单因素评价矩阵 R 可以看出：R 的第 i 行，反映了第 i 个因素影响评价对象取各个备择元素的程度；R 的第 j 列，则反映了所有因素影响评价对象取第 j

个备择元素的程度。在 R 的各项作用以相应因数的权数 w_i ($i=1,2,\cdots,m$)，则便能合理地反映所有因素的综合影响。因此，模糊综合评价可表示为

$$B = W \cdot R \tag{8-5}$$

权重集 A 可视为一行 m 列的模糊矩阵，上式可按模糊矩阵乘法进行运算，即

$$B = (w_1 \quad w_2 \quad \cdots \quad w_m) \cdot \begin{bmatrix} r_{11} & r_{12} & \cdots & r_{1n} \\ r_{21} & r_{22} & \cdots & r_{2n} \\ \vdots & \vdots & & \vdots \\ r_{m1} & r_{m2} & \cdots & r_{mn} \end{bmatrix} \tag{8-6}$$

$$= (b_1 \quad b_2 \quad \cdots \quad b_n)$$

B 称为模糊综合评价集；b_j ($j=1,2,\cdots,n$)称为模糊综合评价指标，简称评价指标。b_j 的含义是：综合考虑上一层次因素下的所有基本因素的影响时，评价对象对备择集中第 j 个元素的隶属度[12]。

6. 多层次模糊综合评价

通过初级模糊综合评价，可以得到基本因素的上一层次因素对备择集中第 j 个元素的隶属度，再将上一层次元素下的所有因素对备择集的隶属度为行组成新的矩阵为 R，而后将 R 的各项作用以相应因数的权数 w_i ($i=1,2,\cdots,m$)，得到该层次因素的评价指标。同理，可得到评价指标体系中各层次因素的评价指标。

7. 评价指标的处理

得到评价指标 b_j ($j=1,2,\cdots,n$)之后，便可根据以下几种方法确定评价对象的具体结果。

(1) 最大隶属度法：取与最大的评价指标 $\max b_j$ 相对应的备择元素为评价的结果，即

$$V = \{v_L | v_l \rightarrow \max b_j\} \tag{8-7}$$

最大隶属度法仅考虑了最大评价指标的贡献，舍去了其他指标所提供的信息，这是很可惜的[13]；另外，当最大的评价指标不止一个时，用最大隶属度法便很难决定具体的评价结果。因此，通常都采用加权平均法。

(2) 加权平均法：利用过去若干个按照时间顺序排列起来的同一变量的观测值并以时间顺序变量出现的次数为权数，计算出观测值的加权算术平均数，以这一数字作为预测未来期间该变量预测值的一种趋势预测法。

$$V = \sum_{j=1}^{n} b_j v_j \qquad (8\text{-}8)$$

(3) 模糊分布法：这种方法直接把评价指标作为评价结果，或将评价指标归一化，用归一化的评价指标作为评价结果。归一化的具体做法如下：

先求各评价指标之和，即

$$b = b_1 + b_2 + \cdots + b_n = \sum_{j=1}^{n} b_j \qquad (8\text{-}9)$$

再用和 b 除原来的各个评价指标

$$B' = \left(\frac{b_1}{b} \quad \frac{b_2}{b} \quad \cdots \quad \frac{b_n}{b} \right) = (b_1' \quad b_2' \quad \cdots \quad b_n')$$

B' 为归一化的模糊综合评价集；$b_j'\ (j=1,2,\cdots,n)$ 为归一化的模糊综合评价指标，即 $\sum_{j=1}^{n} b_j' = 1$。

各个评价指标，具体反映了评价对象在所评价的特性方面的分布状态，使评价者对评价对象有更深入的了解，并能作各种灵活的处理。本研究采用加权平均法及模糊分布法对评价指标进行处理。

8.2.2　评价系统权重值确定

根据层次分析法的基本原理，大体分为如下四个操作步骤[14]。

1. 建立层次结构

根据识别的各因素，可以分为一级指标和二级指标，一级指标分为三类，即视觉特性、经济特性、染色后特性。

将三类一级指标分别假设为 A_1、A_2、A_3，其对应的权重分别为 ω_1、ω_2、ω_3，则有

$$\begin{cases} 0 \leqslant \omega_i \leqslant 1 \quad (i=1,2,3) \\ \sum_{i=1}^{3} \omega_i = 1 \end{cases} \qquad (8\text{-}10)$$

再将一级指标对应的二级指标分别设为 B_{1m}、B_{2n}、B_{3k} (m、n、k 为自然数)，具体内容见表 8-1 所示。

表 8-1　各级指标符号

指标	指标 1	指标 2	指标 3	指标 4
视觉特性 A_1	明度 B_{11}	色度 B_{12}	亮度 B_{13}	色差 B_{14}
经济特性 A_2	上染率 B_{21}	染透率 B_{22}	均染性 B_{23}	
染色后特性 A_3	水洗牢度 B_{31}	日晒牢度 B_{32}	胶合特性 B_{33}	

2. 确定标度，构造判断矩阵

通过各因素之间的两两比较确定合适的标度。采用 1~9 标度法，评价标准可以参见表 8-2。

表 8-2　标度指标及含义

序号	重要性等级	C_{ij} 赋值
1	i、j 两元素同等重要	1
2	i 元素比 j 元素稍重要	3
3	i 元素比 j 元素明显重要	5
4	i 元素比 j 元素强烈重要	7
5	i 元素比 j 元素极端重要	9
6	i 元素比 j 元素稍不重要	1/3
7	i 元素比 j 元素明显不重要	1/5
8	i 元素比 j 元素强烈不重要	1/7
9	i 元素比 j 元素极端不重要	1/9

利用表 8-2 标度指标，可以构造判断矩阵。

一级指标重要程度两两比较结果如表 8-3 所示。

表 8-3　一级指标重要程度两两比较

A	A_1	A_2	A_3
视觉特性 A_1	1	3	4
经济特性 A_2	1/3	1	3/2
染色后特性 A_3	1/4	2/3	1

二级指标重要程度两两比较结果如表 8-4~表 8-6 所示。

表 8-4　视觉特性各指标重要程度两两比较

B_1	B_{11}	B_{12}	B_{13}	B_{14}
明度 B_{11}	1	1/4	1/5	1
色度 B_{12}	4	1	2/3	3
亮度 B_{13}	5	3/2	1	5
色差 B_{14}	1	1/3	1/5	1

表 8-5　经济特性各指标重要程度两两比较

B_2	B_{21}	B_{22}	B_{23}
上染率 B_{21}	1	1/4	1/2
染透率 B_{22}	4	1	3
均染性 B_{23}	2	1/3	1

表 8-6　染色后特性各指标重要程度两两比较

B_4	B_{41}	B_{42}	B_{43}
水洗牢度 B_{31}	1	3	5
日晒牢度 B_{32}	1/3	1	2
胶合特性 B_{33}	1/5	1/2	1

3. 计算各表对应矩阵的最大特征根，并对矩阵进行规范化处理，得到各指标的权重

(1) 按列将判断矩阵 A 规范化，有 $\bar{a}_{ij} = \dfrac{a_{ij}}{\sum\limits_{k=1}^{n} a_{kj}}$ ；

(2) 计算 $\bar{\varpi}_i = \sum\limits_{j=1}^{n} \bar{a}_{ij}(i=1,2,\cdots,n)$ ；

(3) 将 $\bar{\varpi}_i$ 规范化，得到 $\varpi_i = \dfrac{\bar{\varpi}_i}{\sum\limits_{i=1}^{n} \bar{\varpi}_i}(i=1,2,\cdots,n)$ ，即为特征向量 ϖ 的第 i 个分量；

(4) 计算 $\lambda_{\max} = \sum\limits_{i=1}^{n} \dfrac{(A\varpi)_i}{n\varpi_i}$ ；

依据以上步骤，一级指标矩阵规范化处理的结果为： $\varpi = (0.099,\ 0.430,\ 0.469)^{\mathrm{T}}$ ， $\lambda_{\max} = 4.022$ 。

4. 一致性检验

为保证判断不偏离一致性过大，在得到 $\lambda_{\max}$ 后必须进行一致性检验。计算偏离一致性指标 $\mathrm{CI} = \dfrac{\lambda_{\max} - n}{n - 1}$ (n 为评价指标个数)，从表中查出随机一致性指标

RI，得出一致性比例 $CR=\dfrac{CI}{RI}$（RI 可查表确定，见表 8-7)。当 CR < 0.1 时，一般认为判断矩阵的一致性可以接受，如果满足一致性检验要求，则停止计算。

表 8-7　平均随机一致性指标 RI

阶数 n	1	2	3	4	5	6
RI	0	0	0.58	0.90	1.12	1.24

一级指标的 CR=0.008<0.1，符合一致性检验
视觉特性指标的 CR=0.018<0.1，符合一致性检验
经济特性指标的 CR=0.0095<0.1，符合一致性检验
染色后特性指标的 CR=0.023<0.1，符合一致性检验
根据以上计算，可以得出评价指标和相应权重，如表 8-8 所示。

表 8-8　评价模型评价指标和相应权重

一级指标	权重	二级指标	权重
视觉特性 A_1	0.660	明度 B_{11}	0.072
		色度 B_{12}	0.263
		亮度 B_{13}	0.377
		色差 B_{14}	0.093
经济特性 A_2	0.183	上染率 B_{21}	0.158
		染透率 B_{22}	0.464
		均染性 B_{23}	0.378
染色后特性 A_3	0.157	水洗牢度 B_{31}	0.191
		日晒牢度 B_{32}	0.325
		胶合特性 B_{33}	0.484

8.3　评价体系建立

本研究采用灰色系统理论进行建模，灰色系统理论是邓聚龙教授在 1982 年正式提出的。灰色系统理论可以广泛应用于机制复杂、层次较多、难以从定量角度建立精确模型的系统研究工作中。此外，灰色系统理论的数学方法是非统计方法，在系统数据较少和条件不满足统计要求的情况下，尤其适用[15-17]。

采用灰色综合评价方法一般有以下几个步骤和特点。

(1) 构造指标特征值矩阵。

(2) 定性指标定量化。

(3) 规范化处理。一般情况下，对象的所有指标可划分为成本型指标、效益型指标、固定型指标和区间型指标。不同类型指标间的量纲不同，不同指标间数量差异较大，使得不同指标间在量上不能进行比较，故必须对其进行规范化处理。

(4) 确定指标权重。采用逐一比较法求解指标的权重，其基本思想是：以评价因素中的任何一个因素与其他因素配对，进行比较，从而间接计算出各因素之间的重要程度。

(5) 灰色关联度分析。其思想是首先求出系统的最优和最劣方案，然后将评价方案分别与最优和最劣方案计算关联度。

(6) 灰色综合评判。对各个方案的关联度进行比较分析，运用评价公式对各个方案的优劣进行评价比较。

灰色综合评价方法的优点是能避免定性指标定量化分析后所产生的精确度较低的问题，这一点与模糊综合评价方法的优点是相同的，所以二者能很好地结合。但是，灰色综合评价对指标的选取方法没有要求，而对于指标权重的取值不如层次分析法有权威、有说服力，存在一定的缺陷[18]。因此将其与层次分析法相结合能够取长补短，形成一个更合理的风险评价模型。

模糊综合评价方法是对受多种因素影响的事物做出全面评价的一种十分有效的多因素决策方法，该方法既有严格的定量刻画，又有对难以定量分析的模糊现象进行主观上的定性描述，把定性描述和定量分析紧密地结合起来，应用面广，对主观指标、客观指标都适用[19,20]。其最大优点是不但能处理现象的模糊性，综合各个因素对总体的影响作用，而且能用数字反映人的经验。凡是涉及多因素的综合判断问题，都可以用模糊综合评价方法来解决。因此，本节在全面考虑风险评价指标的模糊性后，倾向于运用科学规范、客观公正、简便易行、广泛适应的模糊综合评价方法对操作风险进行综合评价。在各种项目风险评价中，基于模糊综合评价方法已得到较广泛的应用，但是鉴于人们在获取研究对象的信息过程中，难免会存在认识的肤浅、片面甚至错误的局限，即信息不尽充分，通常可以"灰度"表示；在评价过程中，若灰度超出某个允许界限，则该评价结果趋于失效，所以在模糊评价的同时，应兼顾计算评价灰度，进行灰色模糊综合评价。同时要把模糊综合评价、层次分析与灰色综合评价有机地结合起来，建立一套风险评价模型。

在灰色模糊综合评价方法中，提出了以下内容：①按两级模糊模式识别建立类别隶属度矩阵；②根据灰色理论中差异信息原理构造灰色隶属度算子；③根据类别之间的隶属度信息来确定类别权系数；④通过定义平均隶属度来评价多类别复杂系统中的对象。

根据层次分析法确定的指标权重，只要再计算各指标的隶属度矩阵，就可以实现综合的评价。

在多类别复杂系统中，设有 n 个对象，评价指标有 r 个类别，评价指标数分别为 $m_1, m_2, \cdots, m_k, \cdots, m_r$ 个。

在第 k 类$(1 \leqslant k \leqslant r)$中有 m_k 个评价指标，相应 n 个对象有专家评分矩阵

$$\boldsymbol{X}^{(k)} = \begin{bmatrix} x_{11}^{(k)} & x_{12}^{(k)} & \cdots & x_{1n}^{(k)} \\ x_{21}^{(k)} & x_{22}^{(k)} & \cdots & x_{2n}^{(k)} \\ \vdots & \vdots & & \vdots \\ x_{m_k 1}^{(k)} & x_{m_k 2}^{(k)} & \cdots & x_{m_k n}^{(k)} \end{bmatrix} = \left(x_{ij}^{(k)} \right) \cdot (1) \tag{8-11}$$

式中，$x_{ij}^{(k)}$ 为评价对象 j 关于指标 i 的评分，$i = 1, 2, \cdots, m_k$；$j = 1, 2, \cdots, n$。按照两级模糊模式识别给出隶属度为 1 时各指标的标准分数，则 m_k 个指标标准分数构成向量：

$$\boldsymbol{Y}^{\mathrm{T}} = (y_1, y_2, \cdots, y_{m_k}) = (y_i) \tag{8-12}$$

式中，y_i 为第 i 个指标的标准分数(一般由专家根据经验得出)，$i = 1, 2, \cdots, m_k$。

应用下式求出隶属度：

$$r_{ij}^{(k)} = \frac{x_{ij}^{(k)}}{y_i} \quad i = 1, 2, \cdots, m_k; j = 1, 2, \cdots, n; r_{ij}^{(k)} \in [0, 1] \tag{8-13}$$

由上式得到隶属度矩阵：

$$\boldsymbol{R}^{(k)} = \begin{bmatrix} r_{11}^{(k)} & r_{12}^{(k)} & \cdots & r_{1n}^{(k)} \\ r_{21}^{(k)} & r_{22}^{(k)} & \cdots & r_{2n}^{(k)} \\ \vdots & \vdots & & \vdots \\ r_{m_k 1}^{(k)} & r_{m_k 2}^{(k)} & \cdots & r_{m_k n}^{(k)} \end{bmatrix} = (r_{ij}) \tag{8-14}$$

每一个综合评价结果都是由指标权重及其隶属度的乘积来表示，最后评价对象根据综合评价的结果进行排序。

参 考 文 献

[1] 谢兴刚. 太原市建成区古树名木资源现状调查分析[J]. 太原学院学报(自然科学版), 2019, 37(2): 17-20.

[2] 이형준, 김우제, 김찬수. A study on developing the performance evaluation indicators of

defense R&D test development projects[J]. IE Interfaces, 2010, 23(1): 78-88.

[3] 李林科. "头脑风暴法"在医用《普通化学》中的教学研究[J]. 决策探索(下), 2020, (9): 50-51.

[4] 刘速. 工程设计流程中存在的主要问题及解决方法[J]. 建筑施工, 2006, (3): 210-212.

[5] Hamza Z, Hacene S. Reliability and safety analysis using fault tree and Bayesian networks[J]. International Journal of Computer Aided Engineering and Technology, 2019, 11(1): 73-86.

[6] 陈海军. 事故树分析法在高处坠落事故分析中的应用[J]. 河南建材, 2017, (6): 229-230.

[7] 赵阳. 情景分析法在企业核算生物多样性价值中的应用研究与建议[J]. 环境保护, 2020, 48(8): 54-59.

[8] 巫英. 基于德尔菲调查法的能源领域技术预见研究[J]. 武汉理工大学学报(信息与管理工程版), 2017, 39(3): 338-341.

[9] 汤海波. 德尔菲法研究软性亲水接触镜临床试验主要指标及其非劣效界值[D]. 苏州: 苏州大学, 2016.

[10] Novais T, Mouchoux C, Kossovsky M, et al. Neurocognitive disorders: What are the prioritized caregiver needs? A consensus obtained by the Delphi method[J]. BMC Health Services Research, 2018, 18(1): 1016.

[11] 曹龙. 杨木单板制造科技术方及逆向设计仿珍科技术花纹[D]. 哈尔滨: 东北林业大学, 2009.

[12] 王秋生, 王双喜, 张淑娟, 等. 基于模糊综合评价法的工程项目设计方案评价[J]. 山西农业大学学报, 2001, (1): 76-79.

[13] 陈颖. 基于模糊综合评价法的建筑工程绿色施工评价模型研究[J]. 中国建筑装饰装修, 2019, (12): 124.

[14] 张宗元, 李文峰, 王敏. 基于层次分析法分析木材纹理对清代家具表面装饰影响[J]. 现代装饰(理论), 2014, (7): 252-253.

[15] 曾友伟. 灰色系统理论与轮廓波变换相结合的图像去噪研究[D]. 湘潭: 湘潭大学, 2014.

[16] 贾惠迪. 灰色决策模型及其应用[D]. 郑州: 华北水利水电大学, 2018.

[17] 万燕, 贾姗姗, 王东. 基于灰色系统理论及方向图的纤维边缘检测算法[J]. 东华大学学报(自然科学版), 2014, 40(1): 111-116, 121.

[18] 刘思峰, 杨英杰. 灰色系统研究进展(2004—2014)[J]. 南京航空航天大学学报, 2015, 47(1): 1-18.

[19] 丁剑锋, 徐海燕. 不确定信息下基于灰色设计结构矩阵的产品研制项目设计过程优化[J]. 数学的实践与认识, 2018, 48(20): 1-9.

[20] 陈宁, 彭俊洁, 王磊, 等. 模糊灰色认知网络的建模方法及应用[J]. 自动化学报, 2018, 44(7): 1227-1236.

第 9 章　木材染色应用研究

9.1　劣质木仿珍贵材

千百年以来，木材在人们的生活中起着不可替代的作用。人们喜欢用木材来装修自己的房子，并且大部分家具也都是由木材制成的。这是因为木材具有视觉特性、触觉特性、听觉特性和调节特性等环境学特性，且这些特性是其他材料不能够替代的。除此以外，人们还可以从木材的天然纹理和颜色中享受到大自然的美。从全世界来看，由木材制作的产品和相关产业公司的发展也是蒸蒸日上；据FAO 统计，在全球总产值中，林业产业所占比例为 7%。2006 年我国的林业产业总产值已超过 9000 亿元；林产品的进出口贸易也快速增长，2005 年达到了412.09 亿美元；同时，我国装饰材料产业的发展势头良好，2001 年装饰材料年销售额及装饰业产值均超过千亿元。因此，发展木质装饰材料产业将大有可为[1]。

在众多木材中，有些木材拥有美好的花纹和靓丽的颜色，并且其物理性能和使用性能都非常好，从而被人们广泛地使用。众所周知，越好的东西越稀有，好木材的生长条件都非常苛刻，甚至要几十年或者几百年才能长成大树，因此良好的木材一般储存量不多，但是人们又偏爱良好的木材，最终导致这些木材稀有且昂贵，如柚木、乌木等。虽然珍贵的木材越来越少，但是人们的需求却越来越大，因为它能够同时满足人们的使用要求和心理上对高档次生活的追逐。由此看来，珍贵木材在人们的生活中是一种必不可少的材料。起初木质装饰材料就是利用天然林珍贵木材通过旋切和刨切加工成薄木和单板，用于家具生产和室内装饰。随着经济的发展，人们的生活水平不断提高，环保意识也逐渐增强。人类的日常生活中大大减少了化工材料的使用，并开始追求自然的生活，体验大自然的美，导致对可以用来装饰的珍贵木材需求量越来越大。又因为我国珍贵木材资源很少，甚至匮乏，可使用的珍贵木材越来越少，例如，高档位、高质量的红木、花梨木、柚木等只能从外国进口，这样不仅不能满足我国人民的需求，而且会影响木制品档次的提高和新产品的开发。所以，利用人工林木材来模拟人们需要的珍贵木材而制成木质仿珍装饰材料就成为重要的发展趋势，具有重要的研究价值。国外发达国家相继进行了相关的研究和开发，研制出如染色薄木、集成薄木、柔性薄木和人造薄木等新型木质仿珍装饰材料；1965 年意大利和英国率先研制成功并首先在意大利实现工业化生产，意大利的 AlpiPietro 公司生产的

"Leriex"板就是其中之一；日本也对木质仿珍装饰材料进行了大量的研究开发，并在某种程度上代替了天然木质装饰材料，应用普及非常迅速，并于 1972 年投入了工业化生产，在日本市场中，木质仿珍装饰材料被称为"人工化妆单板"和"工艺铭木"，纹理花色种类繁多，松下电工是其中的代表企业；到 90 年代以意大利为代表的人造薄木产品在国际市场上广泛受到了用户的青睐。国内此类研究和开发起步较晚，基础薄弱，1978 年获首例样品，1980 年初上海家具研究所和上海木材工业研究所等单位试制了仿红木径向纹理的木质仿珍装饰材料，1987 年又试制弦向纹理和异形纹理染色的人造薄木，并在市场上小批量出现；1988 年中国林业科学院木材工业研究所研制冷湿胶压木方获得突破；但这一时期，由于起步相对较晚，胶黏剂和单板黏合工艺都不成熟，只能生产不染色的仿珍装饰单板，其各方面质量与国外产品都有明显的差距；到了 90 年代有了很大的改善，1996 年黑龙江省林产工业研究所、中南林学院、北京林业大学合作研究，采用南方和北方常用的速生人工林树种，开发了可以生产多种纹理和颜色的木质仿珍装饰单板生产技术，缩小了与国外产品的技术差距；目前其发展势头十分迅猛，一些厂家自主生产了系列产品，并由于该产品科技含量高，因此又被称为"科技木"；这其中具有代表性的国内两家大型木材加工企业——维德木业(苏州)有限公司和广州星辰木业有限公司都取得了良好的经济效益，1997 年每个企业该产品的年利润都接近 1 亿元。目前该产品年产量已达到 5000 万 m^2，市场容量已占国内整个贴面板市场的 50%以上，年创利税可达 1000 万元以上，发展前景相当可观[2]。

9.2　软　木　染　色

9.2.1　概念

软木英文为 Cork 或 Phellem，是林化界对栓皮的传统称谓，又称木栓或栓皮[3]，是一种珍稀的资源，是由阔叶树栓皮栎或栓皮槠上采割而获得的树皮的一部分。软木质地非常柔软、皮厚、纤维很细、木栓层极其发达、呈片状剥落。我国常见的软木树种是栓皮栎(*Q. variabilis*)，而软木树种主要是生产于欧洲和非洲的栓皮槠(*Quercus surber*)、西部栓皮槠(*Q. occidentalis*)、冲栓皮槠(*Q. pseudosuber*)等[4]。

9.2.2　产品开发应用

从软木工业发展的历史来看，1780 年软木开始大规模用作瓶塞，1892 年软木开始用于绝热软木砖，1900 年开始用作软木地板，1910 年开始用于生产胶接软木制品,在 20 世纪 30 年代后期用作橡胶软木。因为软木具有独特的天然特性,所以不管是在工业生产中还是人们的生活中均得到了广泛的使用。特别是近些年来,软木也开始应用于建筑工业和航天工业中,这些软木材料在过去是不会在这些行业中使用的,这不仅促进了软木的应用,还促进了软木工业的飞速发展。

工业上软木主要用于机场跑道的收缩缝填料、动力机械密封、摩擦片、防震、刹车、冷库、车、船、公路、影剧院、播音室、歌舞厅的吸音材料、低温实验室和建筑、桥涵等。

民用上软木主要作天花板、杯垫、浴垫、乒乓球拍、地板、摩擦片、羽毛球头、食品医药用瓶塞、记事牌、电脑鼠标垫、雕刻等装饰工艺品、棒球芯、枕芯、垒球芯、公告板、留言板、鞋材和绘画等[5-16]。表 9-1 中有各种软木加工产品。

表 9-1 软木加工产品种类

加工利用方式	产品种类
天然软木初加工产品	餐具托盘、茶托、救生圈、救生衣、凉筏、鞋垫、文具记事牌、记事板、笔杆、玩具、各种盘、碟、工艺品、招贴画、装饰画、绝缘衬垫材料、鞋跟、羽毛球头、运动帽、衣服、箱包、无毒食品包装、宇宙服、软木切片(装饰片、墙面装饰材料)、软木塞(保温瓶塞、药瓶塞、各类酒瓶塞)等
软木粒子加工产品	吸声墙用内衬材料、软木粒板软木纸、吸声砖、墙体用非挤凸型伸缩缝填料、填垫密封材料、墙体用双重填料材料弹性衬填块、冷藏库中低温绝热材料、高级宾馆的吸音防震地面材料、墙面装饰材料、管道外的保温材料、耐磨材料及耐久性材料
软木粒子复合材料产品	装饰吸音材料、装饰墙面卷材、防滑材料、抗震衬垫片、包装抗震材料
橡胶软木粒子复合产品	圆形轴承细珠保持架,弹性材料,离合器中止动片,飞机汽车等防震材料,印刷中衬垫材料,地铁、铁路中水泥混凝土轨枕垫片,各种摩擦片,仪器、仪表防震材料,各类密封垫圈、垫片,地板及地面材料等

1. 新型软木产品的开发研究

软木材料作为我国特有的非木材资源,以其绿色环保、回归自然、返璞归真等诸多优势越来越受到企业和消费者的重视。软木装饰产品的种类很多,不仅保留了软木的天然优良特性,还能够适应和满足各种不同功能空间的使用要求[17]。我国不仅生产传统半成品软木颗粒出口,还生产软木地板、软木装饰板、文体用品、软木纸、软木伸缩缝填料等产品,其中软木地板、墙壁贴画、天花板以及软木装饰板发展非常好。

软木装饰材料和软木地板是刚刚流行起来的环保型室内装饰材料,不仅可以用于学校、家居，还可以用于体育馆、音乐厅、博物馆、档案馆等室内装修，越来越受到社会的广泛关注。

1) 软木地板

软木地板是全国珍稀、高档地板之一，它是由葡萄牙人开发的，被称为是"地板的金字塔尖消费"，因其独特的艺术感染力及其天然的图案已被广大消费者所喜爱。它既可用作大面积装饰，也可以用作艺术性点缀，与实木地板、陶瓷地板等相比更具环保性、隔音性，防潮效果更好。正是由于软木地板的柔软性、舒适性、耐磨性，所以被广泛应用于卧室、录音棚、会议室等场所[18]。

软木地板继承了软木的天然特性，弹性适宜，走在上面非常舒服，对身体健康有益。具有美丽而独特的花纹以及隔震吸音效果，除此以外，该产品的保温隔热、隔音、绝缘、隔潮、阻燃、耐液(水、油、稀酸、皂液等)的能力也很强。它是一种不含甲醛、不放射任何有害物质的绿色环保产品，一般在 50 年以内不会出现问题。软木地板适用于各种各样的房屋，尤其在防滑、耐水、耐潮等方面它的优点被体现得淋漓尽致。我国在 70 年前就已经开始采用软木来制作地板，例如北京古籍图书馆很多地面使用的都是软木地板，虽然它的厚度很薄，仅有10mm，但是到目前为止还是完好无损的，由此可见它的耐磨性非常好。在 1994年，我国第一次在西安研制并开发了软木复合地板，雷天泉等于 1996 年对我国软木复合地板的生产工艺和发展前景做了详细的介绍。宋迎刚等[19]对我国软木研究的发展方向进行了总结。

纯软木地板是最早的软木地板，是用纯软木制成的，就像防潮垫一样，厚度大约为 5mm，后来又在软木地板表面覆盖了一层耐磨的面层，如聚氯乙烯(PVC)等贴面[20]。最近几年成功研发了软木复合地板，大概可以分为两种：第一种厚度可达到 13.4mm 左右，其中底层为软木，表层是复合地板，中间层是中密度板；第二种厚度可达到 10mm 左右，其中表层与底层都是软木，中间层是中密度板。人走在上面，不仅可以降音，而且脚感也非常好，所以越来越受到大家的喜爱。但是软木资源是目前所有地面材料中产量最少的，与此相关的企业数量也比较少。软木地板的品种也不是很多，国内仅有骊山、罗滨、易步、方鼎、逊等品牌，目前市场销售的多为葡萄牙产品，因此我们需要研发更多色彩艳丽的软木地板。

2) 软木墙饰材料

用软木装饰墙一般有两种形式：一种是软木墙纸；另一种是软木墙板。它们的生产方式也有两种，一种是把软木直接削成片，直接获得软木墙板或软木墙纸，然后再辅助其他的材料进行装饰；另一种是将软木粒子混合压到一起，然后再利用刨切的方法，从而获得软木墙板或软木墙纸。利用软木做成的墙纸和墙板纯天然且色彩艳丽，如果再结合其他的颜色，还可以达到工艺雕饰的效果，最主要的是它还具有保温、隔震、绝缘、吸音、隔声、抗静电等特点[21]。除此以外,用软木材料装饰墙不仅铺贴简单而且保养很方便,既可以大面积装修,也可以小面积进行艺术性的点缀。由于它拥有全天然的纹理和质感,受到了高档装修者的喜爱,其发展潜力较大,已逐渐成为全球性的消费热点及消费时尚。但是,国内的软木墙板比较少,一般都是从外国进口,如西班牙等。

3) 软木工艺品

天然软木不仅可以用于装饰,还可以用于雕刻工艺品,给人一种自然典雅、格调大方的感觉。虽然纯朴,却彰显了大自然的美丽,并且随时间的推移还不变色。

2. 软木材料染色加工

虽然软木地板以及与软木相关的装饰材料拥有优良的天然花纹性能,但是软木在生长、采摘、运输、储存等过程中会受到不同程度的损害,如颜色会发生一些改变。其还有一个最大的弱点是色调单一,大多为棕褐色和褐色,导致软木材料的应用受到限制,严重降低产品的商品价值和产品价格,降低了消费者对产品的购买欲望,相关企业的营业额下降。我们需要解决软木的颜色问题,从而满足广大消费者的需求。只有研制出顾客喜欢的颜色才能够推广软木的应用、增加软木的附加值,因此对软木材料漂白和染色技术工艺的研究势不可挡。这样不仅能够扩大软木的资源利用,还可以生产高档次、高附加值的软木制品,从而提高企业的经济效益。

对软木材料进行染色,能够改善人们的视觉特性。染色是软木材料和染色剂通过物理反应和化学反应从而产生目标颜色的过程。染色不仅可以改善软木原有的特性,还可以获得牢固的颜色,提高视觉效果,增强装饰效果,同时还提高了软木质品的利用品质。软木材料染色对我国新兴的软木行业的发展提供了极为重要的技术支持,为企业的研制和开发提供了重要依据[22]。

国内外对于软木材料漂白和染色的相关研究较少,并没有发现国外有任何与软木漂白和染色技术的文章(可能存在技术保密现象)。因此,我国相关科研人员主要借鉴木材漂白和木材染色的理论知识来对软木进行相关的研究。

杨建洲[23]研究了数种漂白剂的漂白效果,得出最为恰当的漂白液为:30%过氧化氢占 1 体积,2% Na_2CO_3 溶液占 3 体积,漂白半小时效果最好,如果时间短的话达不到漂白效果,如果时间过长,漂白效果也不会变到更好。为了缩短干燥时间,他选择低级醇碱液与过氧化氢作为漂白液,从实验结果得出:使用甲醇效果没有使用乙醇效果好,但是使用乙醇漂白会增加漂白成本。他还认为碱性过氧化氢漂白效果比较好,所以对其进行了定性研究。

官湉[24]主要以软木纸为研究对象对软木材料漂白和染色工艺进行研究。确定了最佳染色工艺参数：碱性绿，染料 1.5%，浴比 1：15，染料助剂浓度 1.0%，时间 1h，温度 60℃；碱性嫩黄 O，染料浓度 1.5%，浴比 1：20，染料助剂浓度 1.0%，时间 1h 最佳，温度 60℃；碱性桃红，染料浓度 0.5%，浴比 1：20，染料助剂浓度 0.5%，时间 3h 最佳，温度 100℃。最佳漂白剂量：H_2O_2 浓度为 5%，pH 9～10，时间 1.5～2h，稳漂剂浓度 1.2%，温度 70℃最佳；但是漂白和染色最佳工艺所选用的材料是软木纸，软木纸中含有胶黏剂，这对试验会有一定的影响。

常宇婷[25]以软木材料为研究对象，研究了软木材料的漂白和染色工艺，分析了软木素材、漂白和染色软木材料的光变色规律，以及涂饰后的光变色规律。其中最佳工艺条件为：过氧化氢浓度 12%，时间 60min，温度 80℃，稳定剂浓度 1%，其中硅酸钠与硫酸镁的比例为 1：1，渗透剂浓度 1%，漂白液的 pH 11；碱性桃红 FF 染色最佳工艺条件：元明粉浓度 0.5%，染料浓度 0.1%，乙酸浓度 1%，助剂浓度 1%，温度 50℃，时间 90min；碱性嫩黄 O 染色最佳工艺条件：元明粉浓度 0.05%，染料浓度 0.1%，乙酸浓度 2%，助剂浓度 1%，温度 50℃，时间 150min；由于软木素材受光辐射会发生不明显的变化，所以软木具有极强的耐光性。

赵放射[26]发明一种彩色软木产品生产工艺，先刨去栓皮表面的黑皮以及杂质；在片装机中把软木加工成片状材料；再把加工好的片状材料进行染色烘干处理；最后加入胶黏剂，搅拌后装入模具，然后在 80～120℃下烘 6～8h，烘烤完毕后取出，在常温下放置一天一夜脱模；再把成片状材料与基材复合即可。利用这种方法不但保证了树皮原有的花纹，还增加了装饰产品表面的色泽，这样产出的软木装饰材料将会呈现出多种多样的图案。

9.3　藤材染色

9.3.1　藤材的加工利用

棕榈藤，是非均质的各向异性材料，虽然与木材、竹材一样，但是它有自己独特的加工特性。棕榈藤的去鞘藤茎，具有鞣韧、抗拉强度大等特点，因此成为制作家具的优良材料之一[27]。藤可分为大径藤和小径藤两种，一般以藤直径 18mm 为分界线，范围在 3～200mm[28]。小径藤大多数为硅质藤，但是有小部分小径藤为油质藤，大径藤一般为油质藤，虽然二者只是直径不同，但是它们的初加工却有很大的差异；大径藤容易弯曲而且不裂，小径藤不仅不容易弯曲而且容易折断[29]。藤材要先去除硅化皮层、熏制、漂白、油浴和干燥等初加工，然后再进行精加工。油质藤用油浴除去表面的角质、蜡或树胶，硅质藤用细砂去除表面的硅质层。

初加工的大致流程为：藤条→刮光→处理→干燥→剖分或定裁→砂光或剥皮 →捆束→入库；精加工一般包括这几个阶段：劈分、汽蒸、染色、弯曲、砂光和涂饰等阶段[30]。

(1) 原藤采收：首先对原藤进行采收，采收以后进行清洁，然后再运输。采收时要选在旱季，因为旱季藤的水分少、干燥快，如果在华南地区采收，一般要选择秋季，因为华南地区的秋季为旱季。采收时一定要选择成熟藤，成熟藤具有以下特点：茎裸露、刺呈黑色、茎干叶鞘亮黄、叶子干或呈黄绿等。采割以后，一定要除去叶片和外鞘，把距藤顶端 1.5～4m 的软而白或黄白色的部分切掉，从而获得原藤条。大小藤条应截断成不同的长度，一般把大藤截断成 2～6m，小径藤截成 5～9m。并把 20～30 根藤条捆在一起，然后直立一段时间使藤液流出，最后铺在空地上气干。如果不进行油浴处理，还可以把藤条搭成棚屋的形式放置 2～3 周，直到含水率降低于 20%以下为止。由于树藤含淀粉量比较多，所以藤容易受真菌和昆虫的侵害。因此，藤采收后应尽快干燥到 20%含水率以下，再进行处理和加工；如果不能及时运走，必须就地及时进行化学处理。若藤条放置使其自然晾干到含水率 15%，大概需要 2～3 个月，当然不同地区可能需要的时间不同。在藤材运出林地前一定要对藤进行简单的分级，运回到处理场地后，再进一步进行干燥、浸泡、烟熏、清洁和分级等处理。

(2) 原藤处理：藤里分泌物比较多，容易使藤茎变黑，从而会使藤失去它原有的特性，因此需对藤进一步处理，处理过程：切断、烘干、去除节子、用机械或热溶剂处理或化学漂白除去藤表面的污染物等。对藤的处理大概有三种方法：第一种方法是：用椰子纤维与沙、木糠、煤油的混合物结合对藤进行擦洗，然后冲洗、干燥。这种方法不仅可以起到防腐作用，还可以使藤茎变得更加光洁。第二种方法是：直接用清水浸泡，然后用椰子纤维或者沙擦洗，擦洗干净后进行干燥。第三种方法是：首先把几种油混合，然后煮沸，并把藤放入煮沸的油中，这样茎内的分泌物能够从高温下脱出。然后把煮沸后的藤擦洗干净，除去污物后有利于藤的干燥，不仅能够提高藤的色泽，还可以防止蛀虫的侵害。特别是大径藤或油质藤，一定要油浴处理。这样能够更好地储存，并且藤的颜色更加沉着，不再需要清漆的装饰[31]。

原藤油浴一般采用热油煮沸法进行浸泡。刚采摘的生藤一定要放置 1～2 天，然后扎成捆先在水中浸泡一天一夜，最后在沸油中浸泡一段时间。在油浴时也要注意防护处理，可以加入杀虫剂等。用的油一般为几种油混合在一起，有的还要加入水等其他用料，如水和柴油混合，柴油、煤油、椰子油混合，柴油、煤油、硝酸钠、硫磺混合，煤油、水混合等。

油的温度不能过高，也不能过低，要保持在 80～150℃。在这样的温度下油浴 3～60min，油的混合比例要视藤种的种类而定，不同的藤种所用的比例不同，处理温度和处理时间甚至藤的树种也是如此[32]。充分油浴也是有条件的，当藤的末端不再有气泡，油的颜色为浅蓝色即达到条件。油浴完毕后，要清掉多余的油，再清掉藤表面的蜡质和硅砂。清洗完成后，再按照不同藤种和气候来干燥不同时间，干燥时间以 1～3 周为宜。

　　(3) 藤材漂白处理：从藤的颜色、光泽、表观、黑斑有无等可以看出藤的外观质量。其中黄白色的藤条品质最好，且没有损伤。气干和储存过程中可能会受到不同程度的伤害，所以气干后需要再次分类，把有虫眼的和有缺陷的藤挑选出来，质量好的藤用漂白剂漂白，质量差的藤要除去藤皮。小径藤去皮后还可以用来编织。大径藤去皮后，要用硫磺烟熏，这样不仅可以防虫还可以改善藤色。虽然用化学剂漂白可以提高藤的色泽，但是藤的力学性会受到不同程度的伤害。把藤在水里先浸泡一段时间，然后水洗、干燥，再用硫磺熏蒸漂白。干燥完毕后，把藤的节子去掉，然后分类，这样有利于下一步的加工。可以按照藤的尺寸、硬度、外观等进行分类，30 根左右捆在一起，然后放到通风房进行干燥。藤如果进一步被加工，可加工成藤芯和藤皮或者染成各种各样的颜色。

　　(4) 藤材加工：原藤经过处理后，质量较好的藤可以用于家具制造，质量差的藤可以进一步加工成藤芯和藤皮，有的甚至可以加工成藤丝，藤丝可用来编织工艺品、家具等。除此以外，加工后剩余的藤芯还可以再次加工成细藤芯。藤的加工一般需要这些机械：劈藤机、织藤机、干燥窑、蒸汽炉、藤芯劈裂机等。一些小型的藤材制造厂只有藤芯劈裂机，而自制劈藤器械是手工家庭作坊常用的制作工具。

　　原藤加工成藤制品一般有以下七个步骤：①原藤先油浴，再清洁，然后干燥后分级；②拉直、剥皮，然后砂磨分类；③裁剪、砂光；④把藤弯曲成型，可以汽蒸或者用火烤，汽蒸均匀且无焦痕，而火烤会由于受热不均匀导致被烤焦从而降低产品的质量；⑤定长、钻孔、开榫等加工；⑥用螺栓、直钉、U 形钉、钻等连接，再黏合、组装、捆绑等；⑦表面涂饰等处理，其中包括上漆、打磨等，这样完整的藤制品就做好了。夹具可以提高产品的生产率，装配时要选择暗钉或木钉。同时漂白可以使藤的颜色变得均一，防腐还可以提高藤产品的质量。

　　由于我国木材资源缺乏，缺乏木材数量达到 1.8 亿～2.0 亿 m³ 以上[33]。木材供应的矛盾加剧，从家具业来看，以人造板为基材的板式家具和玻璃家具、树脂家具等都极其匮乏。正是因为如此，原藤的价格才会越来越高，这样一来会危及我国藤工业的生存和发展。我国对省藤和黄藤的研究，对于生产高档次的藤制品、保护森林资源、扩大藤材资源利用等具有重要的理论意义和现实意义。

9.3.2　棕榈藤材染色

我国对藤材染色的研究起步比较晚，在木材染色研究之后，就目前而言，对原藤的染色无论是染色工艺还是染料配比大多数还是借鉴木材和竹材的染色理论进行研究。

1. 染色方法

藤材染色其实就是把染料和藤材放在一起进行物理反应和化学反应，从而使藤材拥有坚固颜色的过程。藤材与木材在化学成分方面极为近似，也是由纤维素、半纤维素和木质素等组成的，并且含有少量的内含物[34]，因此藤材染色的方法大多是借鉴木材染色的方法。

(1) 染料染色藤材纤维中含有羟基(—OH)等亲水性基团，染料可通过毛细血管穿过细胞壁后降落在纤维表面，从而使藤材着色，其中染料与藤材结合是通过氢键和范德瓦耳斯力[35,36]。

(2) 化学染色实际上就是染料与藤材之间发生反应，因为通过氢键结合强度不是很大，所以选择化学结合。化学结合保色能力强，且化学染色的颜色耐水性好，但是也有其不足，它的色调种类有限，耐光性差。我们可以选择浓度为0.5%～5%的药液与藤材发生反应，这样就能在藤材表面产生有色物质，进而达到染色的目的。药品一般选择以下几种：氯化铜、氯化铁、石灰水、铬酸钾和硫酸铜等。

(3) 物理染色一般是通过水热作用，使藤材中的成分发生转移，从而达到木材染色的效果。藤材采用油浴有以下几个优点：①可以去除藤材中的角质；②可以减少昆虫的侵害，进而达到减少细菌的目的；③可以提高藤材的颜色和色泽。用硫磺烟熏藤材不仅可以杀菌，而且可以起到漂白作用从而达到改善藤色的目的[37-39]。

2. 着色剂

(1) 染料：因为染料分子中含有苯环，所以染料能够很容易进入藤材的细胞组织中，但是如果染料分子遇到光的照射，非常容易变色。可以用于藤材染色的染料有很多，其中水溶性染料有酸性染料、碱性染料、活性染料和直接染料等。其中酸性染料中含有大量的羟基、羧基等；碱性染料中含有有机碱和酸性盐；活性染料中含有活性基团，可以与羟基形成共价键；直接染料顾名思义就是依靠范德瓦耳斯力和氢键进行结合染色。

(2) 颜料：一般用锌白、炭黑等不溶于水和有机溶剂作为颜料。

染料一般是通过导管在藤材内扩散，而不能渗入藤材内部。虽然颜料染色的藤材明亮度不高，但是它的耐光性却比染料染色藤材要高得多。

(3) 化学药剂：用化学药剂对藤材染色时，是通过与藤材中的纤维素和半纤维素等相结合从而发生化学反应，进而达到藤材染色的目的。选择着色剂时要考虑以下几个方面：着色剂的价格、着色剂的抗变色能力和抗褪色能力、着色剂的渗透性等。

3. 染色基础

王艳波[40]对单叶省藤表面的湿润性进行研究。研究表明如果对藤材磨砂处理一次，藤材表面的光滑度与使用的砂纸粗糙度有关，如果砂纸越粗糙，那么藤的表面就越粗糙，反之，藤表面则越光滑。若进行两次磨砂处理则比没有磨砂处理的藤材要光滑得多，对藤芯的处理也是如此。经过处理的藤，藤上的接触角要比没有处理过的藤的触角小，并且磨砂后的藤材能够增加藤材对水的吸收。吴玉章等[41,42]对藤材变色和预防藤材变色进行了研究，他们发现抽取物对藤材变色的影响非常大，热水抽提物和苯醇抽提物对藤材变色的影响基本接近。为了抑制藤材的光辐射，我们还可以用热水和聚乙二醇(PEG)对其进行处理。虽然热水处理在防变色效果上要比 PEG 处理的更好，但处理后的木材明亮度却下降严重，这可以用 PEG 来互补，因为 PEG 可以提高藤材的明亮程度，这样一来，二者起到取长补短的作用，具有一定互补性。

4. 染色工艺

原藤在采摘完以后一定要进行煮沸，且要用几种油混合在一起。这样藤内的分泌物能够脱出；煮后的藤要用木糠、叶子纤维擦拭干净，去除藤上的蜡质、树脂等，从而加速藤的干燥，这样不仅能够改善藤的颜色、光泽和韧性，而且可以防蛀虫；如果藤的颜色沉着，光滑靓丽，那么就不用再清漆涂饰了[43-46]。

T. Amp 等[47]在油浴中对藤进行脱青，研究发现：油浴后藤表皮的颜色会从淡奶色变成象牙色，而且能够降低藤的含水率，提高藤抵御病虫害的能力。黄知清等[48]用漂白干藤纤维条对藤的染色进行研究。研究表明：漂白最佳温度是78℃，时间 55min，藤纤维颜色越白，染色的鲜艳度就越高。漂白中使用直接-活性染料时需要加入助染剂、稳定剂等，这样能够获得色泽更好的藤材。藤材染色时染料的最佳比例为：原料：直接-活性染料：NaCl-Na$_2$CO$_3$-NaOH：稳定剂：促染剂=100：(1～1.2)：(0.5～2)：0.2：0.3。

王正国[49]对省藤和黄藤进行了漂白和染色研究。研究得出最佳漂白工艺为：在省藤中 H$_2$O$_2$ 浓度为 5%，漂白助剂浓度 0.6%，温度 70℃，漂白时间110min，pH 10，尿素浓度 0.6%；在黄藤中 H$_2$O$_2$ 浓度 4%，漂白助剂浓度0.6%，温度 70℃，漂白时间 110min，pH 11，尿素浓度与省藤一样。在省藤材酸性大红 GR 染色中最佳配方为：pH 3，温度 50℃，染液浓度 0.5%，染色助剂浓度 1%，染色时间 90min，浴比 1∶15；在黄藤材酸性大红 GR 染色中最佳配方为：pH 2，温度 80℃，染液浓度 0.5%，染色助剂浓度 2%，染色时间 90min，浴比与省藤一样；在省藤材酸性嫩黄 2G 染色中最佳配方为：pH 2，温度 80℃，染液浓度 1.5%，染色助剂浓度 2%，染色时间 150min，浴比 1∶20；在黄藤材酸性嫩黄 2G 染色中最佳配方为：pH 2，温度 60℃，染液浓度 1%，染色助剂浓度 0.5%，染色时间 90min，浴比 1∶15。并发现经过漂白的藤木不仅比未被漂白的藤木染色效果好，也比未被漂白的藤木上色效果好。

9.4　竹材染色

9.4.1　竹制品加工

中国是竹类资源大国，拥有 700 万 hm² 的竹林面积，竹子的产量居世界前列，因此获得了"竹子王国"的称号。纯竹林的占地面积为 400 万 hm²，高山竹林的占地面积为 300 万 hm²。在纯竹林中经济价值最高的竹子为毛竹，其占地面积为 280 万 hm²，占总竹林的 70%。随着我国竹林产业的发展，在 1999 年我国竹产业已经拥有 170 亿元的资产，因此成为林业之首，其中加工产值已经由 37.5%增长到 50%以上[50]。

近些年，我国竹材产业已经取得了很大的发展，拥有上百种新的竹产品，不管是在质量上还是数量上都在世界遥遥领先，成为世界上最大的竹制品出口国。早期的竹材加工都是手工或者机械，现在我们拥有了化学加工的手段；以前我们仅仅注重如何利用毛竹，而现在我们不仅重视如何利用还注重如何加工；刚开始利用竹子的部分，现在对竹子的全身都利用。竹材人造板的加工一般是以竹材和木材的加工技术为基础，经过 30 多年的发展，很快形成了一个完整的竹材人造板工业体系，但是存在规模小、产品单一、加工工艺落后等缺点。现在大约有 1000 多家竹材人造板企业，2001 年此产量就高达 100 万 m³。竹材人造板一般用于装饰装修用的地板、包装材料、凝土模板等。

9.4.2　竹材染色基础研究

隋淑英等[51,52]选择使用直接橘黄 G 染料，调查并研究了竹纤维染色动力学、热力学参数，并在同一染色条件情况下，测试了染料对竹纤维、黏胶纤维和棉纤维等在不同染色时间下的扩散系数，发现竹纤维的扩散系数相比其他纤维系数较大，并且随着染色时间的延长而减小，还随着温度的升高而增大，由此可以证明竹纤维的染色动力学特性优于棉纤维和黏胶纤维；还测试得出了竹纤维的有效吸附体积，并且把计算得出的染色亲和力、染色热和染色熵与棉纤维和黏胶纤维数据作了对比。实验证明了竹纤维和黏胶纤维的吸附等温线相似，且在同一温度下，若用直接橘黄 G 对竹纤维、棉纤维和黏胶纤维进行染色，棉纤维和黏胶纤维的染色亲和力、染色热和染色熵都要低于竹纤维。

李梦杰等[53]选择采用活性染料来研究竹纤维的染色性能，发现在相同条件下，竹纤维和黏胶纤维两者的染色速度基本一样，且竹纤维洗牢度为 4～5 级，沾色牢度为 5 级。但竹纤维的染色深度和固色率都要高于黏胶纤维的。

胡淑宜等[54]采用直接蓝 2B、酸性橙Ⅱ、碱性绿等对毛竹进行染色的情况，探究讨论了毛竹材料的化学成分染色对竹材纹理的影响程度，发现了薄片纹理在酸性橙Ⅱ染料染色后更为清晰。

唐人成等[55]选用直接染料对天然竹纤维进行染色，然后探讨了在不同浓度的烧碱溶液条件下，烧碱处理对竹纤维染色性能的影响与原因。在相同深度颜色条件下，直接染料对天然竹纤维的直接性、上染速率、提升性能和染深性都比棉纤维差，所以竹纤维染色时需要更多的染料。竹纤维经松式碱处理后吸附染料的能力增强，并且当烧碱浓度为 115～130g/L 时，直接染料上染量的增加幅度达到最大。直接染料采用 190g/L 以上浓度的烧碱处理，可使竹纤维的平衡上染率、染深性和染色速度达到与碱处理棉纤维一样的水平。竹纤维染色性能受不同浓度的烧碱处理的影响程度与其纤维聚集态结构和吸湿膨胀性的变化有关，竹纤维聚集态结构、吸湿膨润性和染色性能发生重大变化的转折点是用 130g/L 的烧碱对其进行处理。

9.4.3　竹材染色工艺

1. 竹材染色工艺

江茂生等[56]对毛竹采用化学法进行仿古染色，探究讨论了染色在染色剂浓度、固色作用和染色时间等条件下的效果影响，并且优先选出适于毛竹仿古染色的药剂。还发现了在刮去竹青、染色剂浓度为 20%的条件下可以将毛竹材染成逼真的仿古古铜色；可以通过控制染色时间来调控染色的深度；用 $NaHCO_3$ 溶液对染色后的毛竹材进行浸泡固色，发现其颜色可以牢固不褪。

邓邵平[57]采用铜化物、硼化物、新洁尔灭组成不同比例的复合防霉药剂，并将其分别加入酸性染液中，在一定温度下对竹材进行防霉染色处理以及染色处理，测定色度指数，可以发现铜化物与新洁尔灭对染色竹材的防霉效果影响最明显，硼化物的影响最小。将防霉剂引入染色处理使两者同时进行的过程，不仅大大减少了处理时间和费用，还使竹制品实现美观性的同时又能达到较好的防霉效果。

2. 竹纤维纺织品染色工艺

当今，随着人们环保意识的增强，世界环保型的绿色纤维日益占据中心位置，在诸多纤维中，竹纤维脱颖而出。因为竹材料市场供应充足，是一种高产纤维原料，其在生产制造过程中全都实行绿色生产，所以市场前景十分看好。由于竹纤维的横截面是不规则的椭圆形，内含有中腔，可以瞬间吸收并蒸发水分，所以业余人士称其为"会呼吸的面料"。竹纤维不会因其反复洗涤、日晒而失去抗菌性，所以其最独具一格的特点是具有天然抗菌性[58]。竹纤维织物具有强力高、耐磨吸湿、悬垂性能优异、手感柔软舒适、穿着舒爽、染色性能良好、光泽靓丽以及天然抗菌效果较好等不同于其他纤维别具一格的特点，是夏季针织品的首选之物，市场前景非常好，具有很好的研究价值。

竹纤维是一种将天然的竹子经过化学处理，然后通过化学处理形成黏性竹浆，再制成人造纤维的一种新型纺织纤维，其主要包含竹原纤维、竹浆纤维以及竹碳纤维三大分类。

张世源等[59]认为竹纤维织物染色大部分都是使用活性染料，他在《竹纤维及其产品染色》一书中全面详细地介绍了竹纤维染色加工技术，其染色分为上染与固着两个阶段。染色浓度(以相对织物百分比计)大致分为 0.1%、0.5%、1%、2%、4%、8%这 6 档。竹纤维织物的基础染色工艺流程为烧毛→退浆煮练→漂白→丝光→染色→固色→皂洗→柔软→拉幅、预缩→烘干定型→码布。

张旭枫[60]对竹纤维及竹/棉混纺织物的染色工艺进行了深入探究，他认为采用酶退浆、碱氧煮漂及丝光方法来提高白度以及获得鲜艳颜色，可使产品染色加工达标。采用改良型双活性基团染料染色，其产品不仅色泽均匀鲜艳，而且染色牢度(尤其是日晒牢度)极优。

王晓春等[61]使用 B 型活性染料作为再生竹纤维的染色染料，探究了染色过程中电解质、碱剂等因素对染色效果的影响以及 B 型活性染料对再生竹纤维的染色提升性和染色速度等这些染色性能的影响。

张海燕等[62]研究了汽巴克隆 LS 活性染料在天竹纤维上的染色性能，研究结果显示汽巴克隆 LS 活性染料不仅因其色泽浓艳、固色率高、耗盐量少、大大降低了污水排放以及对土地盐化的影响，而且还因其均染性好、牢度符合标准、产品表面光泽明亮以及手感光滑柔软，充分保持了竹纤维的原有特点。

3. 竹藤材染色用染料及染色方法

竹藤材染色是使用恰当的方法使其具有一定的坚牢色泽，并且使染料与竹藤材发生化学或物理反应的加工过程。竹藤材的化学组成主要是纤维素、半纤维素和木质素，与木材的组成成分大致相同，并有少数内含物[63,64]，故此竹藤材染色染料及染色方法也大多是由木材染色的发展而来，段新芳[65]、彭万喜等[66]、孙芳利等[67]、陈玉和等[68]已经对木材用染料和染色方法做了大量的介绍。

竹藤染色用染料大多为活性染料、酸性染料、直接染料以及碱性染料等这种水溶性有机染料。直接染料对纤维素纤维具有较强的亲和力，其大部分都是含有磺酸基的偶氮染料；酸性染料也称阴离子染料，其含有大量的羧基、羟基或磺酸基这些离子；碱性染料也称阳离子染料，是由苯甲烷型、偶氮型、氧杂蒽型等有机碱和酸形成的盐染料；活性染料分子中含有能与纤维分子中的羟基或氨基形成共价键结合的反应性基团。染色方法如果按染料的浸注方式可以分为常压浸注、减压浸注和加压浸注等方式；也可根据其染色要求、染色条件、染色原料将染色分为表面深层染色、热处理冷处理染色、天然和合成染料染色[69]这几种形式。竹藤材的染色效果还受其表面特征的影响。竹青以木质素和抽提物为主，并且含有一定的氧化硅，以此为基础形成以糖类为骨架并掺杂硅类有机物的封闭层[70]。由于藤表皮细胞高度硅质化，表皮覆盖硅质层，因此对含表皮的竹藤材在染色前要进行高温干燥处理、硼酸处理以及"除沙"处理[71]等预处理，去皮藤材也可以通过热处理来提高其渗透性[72]。

9.5 其 他

草辫制品主要是由小麦秸秆制成，现在大部分用于制作帽子、手提袋、席子、垫子以及装饰工艺品。草辫制品已经打开了国内市场，其在我国许多地区的产量都很多，特别是中原地区。为了开发漂白产品及染色产品来提高草辫制品的经济价值及潜藏用处，需要对其化学加工工艺流程进行深入研究。

麦秆与棉纤维素有所不同，它主要是一种非传统的木质纤维素，其主要存在大量半纤维素和木质素，导致这些非纤维素的物质不仅很容易被碱破坏而影响它原有光泽，还严重影响了麦秆的白度及染色性能。所以，棉纤维的漂白及染色工艺不是很适合于麦秆。陈国强等[73]通过对草辫的煮练、漂白以及染色工艺进行比较分析找出漂白与染色最佳工艺，为草辫的深加工提供了基础和参考。

分析表明：草辫在漂白之前，需要对其进行预处理。需要在碱性条件下及非离子表面活性剂平平加 O(均染剂，化学名称为烷基聚氧乙烯醚)的存在下除去草辫上的油蜡以及果酸质部分水溶性色素，同时还需要使草辫软化、膨化。在漂白的过程中，由于化学品会渗透到草辫内部，所以草辫漂白效率会显著提高。草辫经煮练后，漂白与不漂白的草辫要用酸性染料、直接染料及阳离子染料进行染色，染色的结果表明：①漂白的草辫不仅上染率高，而且得色浓；②阳离子染料上染率最高，而直接染料的上染率最低。

最佳工艺如下

煮练：用 0.2%平平加 O、0.5% Na$_2$CO$_3$，在 90～95℃处理 1h，再后处理，水洗，室温晾干。

漂白：用 NaClO(含有效氯 5g)，在 40℃处理 1～10h。用 0.7%～1.2% H$_2$O$_2$、1.3%稳定剂、0.4%焦磷酸钠、0.4%硼砂，在 70℃处理 2～24h。

还原：用 2% Na$_2$S$_2$O$_4$、4%焦磷酸钠，在 40℃处理 8h，浴比均为 1∶20。

酸性染料染色：染料(1.0%)10mL，元明粉(5.0%)5mL，水 35mL，总量为 50mL，浴比 1∶50，用 H$_2$SO$_4$调节 pH 为 3。

研究表明，只有采用适当的工艺，草辫才能够进行漂白并且达到比较完美的漂白效果。草辫经漂白后，如果选择适当的染料及工艺进行染色，就可以得到色泽较鲜艳亮丽的染色草辫。

参 考 文 献

[1] 郝忠勋. 现代林业产业发展趋势的浅析[J]. 科学与财富, 2012, (1): 157.

[2] 曹龙. 杨木单板制造科技木方及逆向设计仿珍科技木花纹[D]. 哈尔滨: 东北林业大学, 2009.

[3] 张江, 李辉. 栓皮栎研究进展与未来展望[J]. 现代园艺, 2019, (24): 208-209.

[4] 刘诗宜. 软木饰品设计研究[D]. 长沙: 中南林业科技大学, 2017.

[5] 上官蔚蔚, 雷亚芳, 赵泾峰, 等. 栓皮槠软木性质及应用研究进展[J]. 西北林学院学报, 2017, 32(6): 276-281.

[6] 杨明洁, 张健伟, 徐倩. 软木材料在家具设计中的应用[J]. 家具与室内装饰, 2017, (1): 76-77.

[7] 赵泾峰, 宋孝周, 冯德君. 栓皮栎软木研究进展[J]. 西北农林科技大学学报(自然科学版), 2019, 47(4): 31-37.

[8] 苑一丹, 朱玲燕, 宋孝周. 栓皮栎软木细胞结构与主要特性[J]. 西北林学院学报, 2017, 32(3): 216-220.

[9] 宋孝周, 苑一丹, 张强, 等. 软木细胞壁结构及其主要化学成分研究进展[J]. 林产化学与工业, 2016, 36(5): 133-138.

[10] 苑一丹, 朱玲燕, 宋孝周. 蒸煮处理对栓皮栎软木主要物理特性的影响[J]. 林业工程学报, 2017, 2(3): 44-49.

[11] 苑一丹. 蒸煮处理对栓皮栎软木主要特性的影响研究[D]. 咸阳: 西北农林科技大学, 2017.

[12] 利诺·罗查, 卡洛斯·曼纽尔, 徐升. 新型低能耗环保建筑材料软木性能与应用的研究[J]. 建设科技, 2019, (19): 32-36, 65.

[13] Pham V M, 邱增处, 郑林义, 等. 无胶软木橡胶复合板工艺和性能研究[J]. 西北林学院学报, 2015, 30(1): 215-218.

[14] 刘勋辉, 赵亮. 软木资源利用现状与展望[J]. 陕西林业科技, 2018, 46(6): 124-126.

[15] 罗璐, 吕九芳. 探析软木材料在老年家居产品中的应用[J]. 家具与室内装饰, 2019, (4): 24-25.

[16] 陆全济, 雷亚芳, 郑林义. 弹性漆改善软木地板漆膜性能的研究[J]. 热带农业科学, 2015, 35(9): 73-77.

[17]　薛青. 浅谈室内环境艺术设计中软装饰材料的应用研究[J]. 艺术家, 2018, (9): 49.

[18]　张洁. 室内装饰领域生态建筑材料的运用[J]. 建材与装饰, 2019, (23): 62-63.

[19]　宋迎刚, 魏新莉, 卢彦元. 我国软木产业发展及研究现状[J]. 家具与室内装饰, 2020, (1): 50-51.

[20]　樊正强, 彭立民, 刘美宏. 软木厚度对软木/纤维板复合地板静音性能的影响[J]. 木材工业, 2020, 34(4): 17-20.

[21]　曹瑜. 轻型木结构建筑墙体的保温及热湿性能研究[D]. 南京: 南京林业大学, 2018.

[22]　张英杰, 赵泾峰. 软木片材的染色工艺研究[J]. 西部林业科学, 2017, 46(5): 40-44.

[23]　杨建洲. 软木材料漂白方法研究[J]. 西北轻工业学院学报, 1996, 14(3): 101-102.

[24]　官泝. 软木(栓皮)材料的漂白和染色技术研究[D]. 北京: 中国林业科学研究院, 2003.

[25]　常宇婷. 软木材料漂白和染色技术工艺的研究[D]. 咸阳: 西北农林科技大学, 2010.

[26]　赵放射. 彩色软木产品生产工艺[P]. 中国, 02114507. 5. 2002-10-16.

[27]　竺肇华. 中国热带地区竹藤发展[M]. 北京: 中国林业出版社, 2001.

[28]　Shahimi S, Conejero M, Prychid C J, et al. A taxonomic revision of the myrmecophilous species of the rattan genus *Korthalsia* (Arecaceae)[J]. Kew Bulletin, 2019, 74(16): 297-322.

[29]　曹积微, 袁哲, 强明礼. 云南 4 种棕榈藤材弯曲性能比较[J]. 西部林业科学, 2016, 45(3): 132-136.

[30]　Yang S M, Xiang E, Shang L L, et al. Comparison of physical and mechanical properties of four rattan species grown in China[J]. Journal of Wood Science, 2020, 66(3): 3007-3013.

[31]　Mahzuz H M A, Ahmed M, Uddin M K, et al. Identification of some properties of a rattan (*Daemonorops jenkinsiana*)[J]. International Journal of Sustainable Materials and Structural Systems, 2014, 1(3): 232-243.

[32]　蔡克中. 江西会昌藤器制作技艺传承思考[J]. 创意与设计, 2020, (3): 41-43, 59.

[33]　赵德达. 藤材及其在室内装饰设计中的应用研究[D]. 哈尔滨: 东北林业大学, 2015.

[34]　Xu B, Liu X, Lv H F, et al. Research on the indoor environmental properties of *Calamus manna* rattan cane[J]. Indoor and Built Environment, 2016, 25(3): 459-465.

[35]　郑雅娴, 吕文华, 许茂松. 钩叶藤材的增强-染色复合改性及其性能研究[J]. 南京林业大学学报(自然科学版), 2016, 40(2): 155-159.

[36]　王传贵, 裴韵文, 张双燕, 等. 不同染料对棕榈藤材的影响及机理分析[J]. 林产化学与工业, 2014, 34(4): 121-125.

[37]　Dai Y F, Qiu Y, Jin J Y, et al. Improving the properties of straw biomass rattan by corn starch[J]. Bioengineered, 2019, 10(1): 659-667.

[38]　Szczepanowska H M. Deconstructing rattan: morphology of biogenic silica in rattan and its impact on preservation of Southeast Asian art and artifacts made of rattan[J]. Studies in Conservation, 2018, 63(6): 356-374.

[39]　Zuraida A, Insyirah Y, Maisarah T, et al. Influence of fiber treatment on dimensional stabilities of rattan waste composite boards[J]. IOP Conference Series: Materials Science and Engineering, 2018, 290(1): 45-56.

[40]　王艳波. 人工林单叶省藤材性研究[D]. 南京: 南京林业大学, 2006.

[41]　吴玉章, 周宇. 3 种棕榈藤藤材变色的研究[J]. 林业科学, 2005, 9: 211-213.

[42] 吴玉章, 周宇. 3 种棕榈藤藤材防变色的研究[J]. 林业科学, 2006, 3: 116-120.

[43] Murwati E S. Teknik pembengkokan rotan manau (*Calamus manau*) menggunakan steamer[J]. Dinamika Kerajinan dan Batik: Majalah Ilmiah, 2016, 31(1): 13-20.

[44] Marizar E S, Irawan A P, Jap T. The knock down system of rattan furniture for global market[J]. IOP Conference Series: Materials Science and Engineering, 2019, 508(1): 45-52.

[45] Abdullah Z, Fadzlina N, Amran M, et al. Design and development of weaving aid tool for rattan handicraft[J]. Applied Mechanics & Materials, 2015, 761: 277-281.

[46] Wong K M, Manokaran N. Proceedings of the Rattan Seminar[M]. Malaysia: RIC, 1985: 145-194.

[47] Amp T, Bhat K M. Advances in oil curing technology for value-added aesthetic products from rattans[J]. World Bamboo and Rattan, 2007, (1): 5-11.

[48] 黄知清, 莫冬次, 李庆春, 等. 出口编织工艺品原料藤纤维染色工艺的研究[J]. 广西化纤通讯, 2002, (2): 4-7.

[49] 王正国. 省藤和黄藤材的漂白和染色技术研究[D]. 咸阳: 西北农林科技大学, 2009.

[50] 费本华. 建立国家竹材仓储机制[J]. 世界竹藤通讯, 2019, 17(6): 1-4.

[51] 隋淑英, 朱平, 许长海, 等. 竹纤维的染色动力学性能研究[J]. 印染, 2006, (1): 11-15.

[52] 隋淑英, 朱平, 许长海, 等. 竹纤维的染色热力学性能研究[J]. 印染助剂, 2006, 6(6): 13-16.

[53] 李梦杰, 王树根. 竹纤维的理化性能及染色研究[J]. 纤维素科学与技术, 2007, 3(1): 45-49.

[54] 胡淑宜, 邓邵平, 林金国, 等. 木材主要化学成分的染色及其对木材纹理的影响[J]. 福建林学院学报, 2007, 27(3): 242-245.

[55] 唐人成, 许伟亮. 松式碱处理对竹纤维直接染料染色性能的影响[J]. 印染, 2004, (8): 1-3.

[56] 江茂生, 黄彪. 毛竹化掌法仿古染色的研究[J]. 中国林副特产, 2003, 11(4): 23.

[57] 邓邵平. 竹材防霉染色处理的初步研究[J]. 木材工业, 2005, 9(5): 38-40.

[58] 魏长亮. 竹纤维的纺织染整及应用[J]. 纺织报告, 2020, (3): 8-9.

[59] 张世源, 周湘祁. 竹纤维及其产品染色[M]. 北京: 中国纺织出版社, 2008: 1.

[60] 张旭枫. 竹纤维及竹/棉混纺织物染色工艺初探[J]. 印染, 2003, (增刊): 48-50.

[61] 王晓春, 史丽敏, 贾秀萍, 等. B 型活性染料对再生竹纤维染色性能探讨[J]. 针织工业, 2006, (8): 51-52.

[62] 张海燕, 胡雪敏, 王然, 等. 汽巴克隆-LS 染料用于天竹纤维的染色[J]. 印染助剂, 2004, 2(1): 13-14.

[63] 张平敏, 姚文斌, 俞伟鹏, 等. 不同开纤方法对竹纤维性能的影响[J]. 南方农机, 2020, 51(13): 53-55, 77.

[64] 江泽慧. 竹材解剖学研究进展[J]. 世界林业研究, 2020, 33(3): 1-6.

[65] 段新芳. 木材颜色调控技术[M]. 北京: 中国建材工业出版社, 2002.

[66] 彭万喜, 李凯夫, 范智才, 等. 木材染色工艺研究的现状与发展[J]. 木材工业, 2005, (6): 1-3.

[67] 孙芳利, 段新芳, 冯德君. 木材染色的研究概况及发展趋势[J]. 西北林学院学报, 2003, 18(3): 96-98.

[68] 陈玉和, 陆仁书. 木材染色进展[J]. 东北林业大学学报, 2002, 3(2): 84-86.

[69] 孙臣, 王佳凯, 郝斐斐, 等. 竹/锦纶(凉感)交织面料的染色工艺[J]. 染整技术, 2020, 42(5): 38-42.

[70] 张秀标, 费本华, 江泽慧, 等. 竹展平板胶合性能研究[J]. 林产工业, 2020, 57(9): 16-19.

[71] 岳祥华, 左奇玉, 张双燕. 油浴热处理对竹材干缩性和力学性能的影响[J]. 世界竹藤通讯, 2020, 18(1): 11-15.

[72] 江馥杉, 武恒, 王传贵. 高温热处理对小白藤材色和视觉心理量的影响[J]. 林业工程学报, 2017, 2(1): 25-29.

[73] 陈国强, 邢铁铃, 杨百春, 等. 草辫漂白与染色工艺的研究[J]. 纺织学报, 2001, (5): 56-57, 3.

编 后 记

　　《博士后文库》是汇集自然科学领域博士后研究人员优秀学术成果的系列丛书。《博士后文库》致力于打造专属于博士后学术创新的旗舰品牌，营造博士后百花齐放的学术氛围，提升博士后优秀成果的学术和社会影响力。

　　《博士后文库》出版资助工作开展以来，得到了全国博士后管委会办公室、中国博士后科学基金会、中国科学院、科学出版社等有关单位领导的大力支持，众多热心博士后事业的专家学者给予积极的建议，工作人员做了大量艰苦细致的工作。在此，我们一并表示感谢！

《博士后文库》编委会